조충지가 들려주는 원 1 이야기

권현직 지음

NEW
수학자가 들려주는
수학 이야기

조충지가 들려주는 원 1 이야기

(주)자음과모음

추천사

수학자라는 거인의 어깨 위에서
보다 멀리, 보다 넓게 바라보는
수학의 세계!

수학 교과서는 대개 '결과'로서의 수학을 연역적으로 제시하는 경향이 강하기 때문에 학생들은 수학이 끊임없이 진화해 왔다는 생각을 하기 어렵습니다. 그렇지만 수학의 역사는 하나의 문제가 등장하고 그에 대해 많은 수학자들이 고심하고 이를 해결하는 가운데 새로운 아이디어가 출현해 온 역동적인 과정입니다.

'**조충지가 들려주는 원 1 이야기**'는 수학 주제들의 발생 과정을 수학자들의 목소리를 통해 친근하게 이야기 형식으로 들려주기 때문에 학생들이 수학을 '과거 완료형'이 아닌 '현재 진행형'으로 인식하는 데 도움이 될 것입니다.

학생들이 수학을 어려워하는 이유 중 하나는 '추상성'이 강한 수학적 사고와 '구체성'을 선호하는 학생의 사고 사이에 존재하는 간극이며, 이런 간극을 줄이기 위해서 수학의 추상성을 희석시키고 개념과 원리의 설명에 구체성을 부여하는 것이 필요합니다. 이 책은 수학 교과서의 내용을 생동감 있게 재구성함으로써 추상적인 수학을 구체성을 갖는 수학으로 변모시키고 있습니다. 또한 중간중간에 곁들여진 수학자들의 에피소드는 자칫 무료해지기 쉬운 수학 공부에 윤활유 역할을 해 줄 것입니다.

이 책의 구성을 보면 우선 수학자의 업적을 개략적으로 소개하고, 6~9개의 강의를 통해 수학 내적 세계와 외적 세계, 교실 안과 밖을 넘나들며 수학의 개념과 원리들을 소개한 후 마지막으로 강의에서 다룬 내용들을 정리합니다.

이런 책의 흐름을 따라 읽다 보면 각 시리즈가 다루고 있는 주제에 대한 전체적이고 통합적인 이해가 가능하도록 구성되어 있습니다. '조충지가 들려주는 원 1 이야기'는 학교 수학 교과 과정과 긴밀하게 맞물려 있으며, NEW 수학자가 들려주는 수학 이야기를 통해 학교 수학의 많은 내용들을 다룹니다. 예를 들어 라이프니츠가 들려주는 기수법 이야기에서는 수가 만들어진 배경, 원시적인 기수법에서 위치적 기수법으로의 발전 과정, 0의 출현, 라이프니츠의 이진법에 이르기까지를 다루고 있는데, 이는 중학교 수학의 기수법 내용을 충실히 반영합니다. 따라서 '조충지가 들려주는 원 1 이야기'를 학교 수학 공부와 병행하면서 읽는다면 교과서 내용의 소화 흡수를 도울 수 있는 효소 역할을 할 수 있을 것입니다.

홍익대학교 수학교육과 교수 | 《수학 콘서트》 저자 박경미

책머리에

세상의 진리를 수학으로 꿰뚫어 보는 맛 그 맛을 경험시켜 주는 '원 1' 이야기

"원주율 파이는 삼 점 일사일오구이육오삼오……."

이렇게 소수점 아래로 이어지는 파이의 값을 줄줄 외우는 어린이들을 가끔씩 볼 수 있습니다. 누구는 소수점 아래 몇 번째 자리까지 외고 또 누구는 그보다 더 많이 외운다며 치켜세우기도 하지요.

물론 파이의 값을 소수점 아래로 많이 외운다고 수학을 잘하는 것은 아닙니다. 그럼에도 불구하고 아직도 원주율의 값에 관심이 많은 까닭은 원주율이 가진 신비한 힘이 인류를 오랜 시간 매료시켜 왔고, 아직도 많은 사람들에게서 그 신비함이 사라지지 않았기 때문일 것입니다.

'원' 하면 원주율이 가장 먼저 떠오릅니다. 원주율은 원이라는 가장 기본적인 도형에서 나옵니다. 둥근 해, 해맑은 눈동자, 접시 등 원은 우리에게 가장 친숙하고 우리가 가장 많이 사용해 온 도형입니다. 바퀴의 사용은 인류가 진화하고 문명이 발전하는 데 엄청난 역할을 했습니다.

이처럼 너무나 익숙하고, 잘 알 것 같은 원은 먼 옛날부터 오랫동안 자신의 감추어진 비밀을 드러내지 않은 채 신비한 베일을 두르고 있습니다. '원은 그 둘레의 길이가 지름의 (　　)배?'라는 아주 간단한 문제의 답을 허락하지 않았지요.

수학이 발전하면서 원주율은 소수점 아래로 어떠한 규칙도 없이 무한하게 숫자들이 진행되는 수라는 것을 알게 되었고, 보다 정확한 값을 알기 위해 슈퍼컴퓨터를 사용하는 시대가 되었습니다.

이제는 원에 대해 수학적인 시각으로만 볼 수는 없습니다. 우리의 생활 곳곳에, 우리가 배우는 학문의 곳곳에서 원은 이미 너무나 많이 사용되고 있습니다. 이 책을 통해 원에 대한 수학의 원리와 함께 원을 활용하는 작도, 디자인에 대해 소개하고, 인류가 원을 어떻게 사용하여 왔으며 그 속에는 어떤 과학적 원리가 숨어 있는지 알려 주고자 합니다.

원에 관한 수업을 한다면 어떤 선생님이 가장 잘 어울릴까요? 조충지는 수학자이자 천문학자였으며, 기계 공학자였습니다. 당연히 과학적인 활용에 관심이 많았지요. 무엇보다 잘 알려지지 않은 동양, 중국의 수학자였습니다. 세계 최초로 원주율의 소수점 아래 7번째 자리까지 정확하게 계산해 낸 사람이지요.

이 책을 계기로 수학이 매우 발전했음에도 불구하고 서양의 수학에 가려져 알려지지 않았던 뛰어난 동양의 수학에 관심을 갖게 되는 좋은 계기가 되었으면 합니다.

권현직

차례

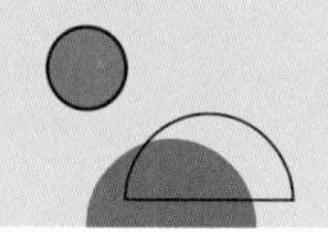

1 이 책은 달라요

《조충지가 들려주는 원 1 이야기》는 중국의 수학자 조충지가 원과 관련된 기본적인 기하학적 성질과 원이 활용되는 다양한 사례에 대해 알려주는 아홉 번의 수업을 담고 있습니다.

원은 가장 쉽게 발견할 수 있는 도형이지만 원주율이나 원주의 길이와 같은 자신의 본질은 잘 드러내지 않았습니다. 원주율을 정확하게 구하는 것은 단순히 수학 문제를 해결하는 것에 그치는 것이 아니라 곡식 창고의 부피를 구하고, 땅의 넓이를 구하는 등 일상생활에 꼭 필요한 것이었습니다. 따라서 인류는 오랜 세월 전부터 원주율을 알아내려고 노력하였지요.

아르키메데스는 정다각형에 내접하는 원과 외접하는 원을 이용하여 원주의 길이에 대한 근삿값을 구했습니다. 중국의 조충지 역시 원주율의 소수점 아래 7번째 자리까지 정확하게 구해 냈습니다.

원에 관심이 많았던 중국의 수학자가 진행하는 수업을 통해 원의 넓이, 원주의 길이를 구하는 방법, 원을 잘라 만든 호, 부채꼴의 넓이와 둘레를 구하는 방법 등을 배우게 됩니다. 원의 넓이와 원주의 길이를 구하는 공식을 단순히 제시하는 것이 아니라 공식이 만들어지는 원리를 알기 쉽게 설명해 줍니다.

원에 관한 기초적인 수학적 원리뿐만 아니라 원을 활용하는 다양한 사례를 소개하고, 숨겨진 과학적 원리를 살펴봅니다. 이를 통해 인류가 원을 어떻게 활용해 왔는지 알게 됩니다.

원을 이용하여 정다각형을 그리고, 지워진 원을 복원하는 작도 방법을 자세히 소개하고 있습니다. 또한 원을 그리고 그 안에 지름과 현이 그려진 틀을 이용하면 기하가 깃든 멋진 디자인을 해낼 수도 있습니다.

초등학교, 중학교 과정에 등장하는 원에 관해 꼭 알아야 할 내용뿐 아니라 원에 대한 심화 탐구 학습, 과학으로 확장된 학습이 될 수 있도록 구성하였습니다.

2 이런 점이 좋아요

① 원과 관련하여 초등학교, 중학교 학생들이 꼭 알아야 할 내용과 공식, 엄밀한 정의와 원리를 다양한 예와 에피소드를 적절히 곁들여 가면서 쉽고 재미있게 접근할 수 있게 해 줍니다.

② 원에 관한 수학적 성질을 탐구하는 것에 머물지 않고 일상생활에서 사용하고, 과학적으로 활용하는 다양한 사례를 알 수 있습니다.

③ 원을 활용하여 정다각형을 그리는 방법을 알 수 있고, 컴퍼스를 사용하여 그리는 원과 호에 대한 수학적 원리를 알 수 있습니다.

3 교과 연계표

학년	단원(영역)	관련된 수업 주제 (관련된 교과 내용 또는 소단원 명)
초등 전 학년	도형과 측정	여러 가지 모양, 여러 가지 도형, 길이 재기, 평면도형, 원, 각도, 삼각형, 사각형, 다각형, 다각형의 둘레와 넓이, 원의 넓이
중등 전 학년	도형과 측정	기본 도형, 작도와 합동, 평면도형의 성질, 삼각형과 사각형의 성질, 원의 성질
고등 1학년, 2학년	도형의 방정식	원의 방정식
	삼각함수	일반각과 호도법, 부채꼴의 호의 길이와 넓이

4 수업 소개

1교시 자연이 만든 도형, 원

한 점에서 같은 거리에 있는 점을 수직선, 평면, 공간에서 찾아 각각 무엇을 나타내는지 살펴봅니다. 원의 넓이에 대한 공식과 둘레의 길이를 구하는 공식을 단순히 받아들이는 것이 아니라 공식이 나타내는 의미를 살펴봅니다.

- **선행 학습** : 정삼각형의 둘레, 정사각형 둘레의 길이
- **학습 방법** : 원의 넓이와 둘레의 길이를 구할 때, 단순히 공식을 적용하여 구하는 것이 아니라 정사각형이 커지면서 원으로 부풀려지고, 선분의 길이가 길어져, 원 모양으로 구부려진다는 것을 상상해 봅니다.

2교시 원에서 만든 도형, 호와 부채꼴

호와 부채꼴의 정의를 소개합니다. 원 위의 두 점을 연결하는 현을 정의하고, 호와 현으로 둘러싸인 활꼴을 소개합니다.
부채꼴은 원을 잘라 만드는 만큼 원의 넓이와 연관되어 있습니다. 부채꼴의 중심각에 따라 부채꼴의 모양이 어떻게 변하고, 그에 따라 넓이는 어떻게 구하는지 배웁니다.

- **선행 학습** : 직선과 선분, 각
- **학습 방법** : 호와 부채꼴은 원을 잘랐을 때 만들어지는 도형입니다. 이때 원 중심에서의 각을 이용하기 때문에 호의 길이와 부채꼴의 넓이는 모두 원주의 길이와 원의 넓이에서 몇 분의 몇에 해당하는지로 구합니다. 부채꼴과 같이 원에서 만들어지는 도형의 넓이를 구할 때, 만들어지는 과정과 연관 지어 넓이를 구해 본다면 도형 문제에 대해 보다 깊이 있는 공부가 됩니다.

3교시 원의 영역과 넓이

한 점에서 같은 거리에 있는 점을 모두 모으면 원이 됩니다. 만약 점이 있는 곳에 제한이 있으면 부채꼴을 여러 개 붙인 모양으로 나타날 수 있습니다. 이러한 도형의 모양을 분석하고 넓이를 구해 봅니다.

- **선행 학습** : 원의 넓이, 부채꼴의 넓이, 도형의 닮음에 대한 개념
- **학습 방법** : 긴 끈의 한 끝점을 고정하고 다른 쪽의 끝을 움직이면 원을 그릴 수 있습니다. 만약 움직이는 곳에 벽이나 장애물이 있다면 부채꼴 모양으로 나타나게 됩니다. 부채꼴이 여러 개 붙은 도형을 단순히 받아들이는 수동적인 자세가 아니라 도형이 만들어지는 과정을 직접 따라가 보며 체험하려는 능동적인 자세가 필요합니다.

4교시 파이를 찾아서

인류가 바퀴를 사용한 역사는 매우 오래되었습니다. 바퀴의 움직임과 원주율은 떼어 놓고 생각할 수 없습니다. 파이에 대한 보다 정확한 값을 구하기 위한 노력도 진행되어 왔는데 고대 그리스의 수학자 아르키메데스가 파이의 값을 구하기 위해 사용했던 방법을 소개합니다. 또한 17세기의 수학자 그레고리와 뉴턴이 찾아낸 방법도 소개합니다.

- **선행 학습** : 원에 내접하는 도형, 원에 외접하는 도형
- **학습 방법** : 파이의 값은 소수점 아래로 어떠한 규칙도 없이 무한히 진행됩니다. 따라서 정확한 값을 구하기는 불가능하고, 수직선 위에

서 파이 값이 존재하는 영역으로 나타납니다. 즉 부등식으로 나타납니다. 따라서 원에 내접하는 정다각형의 둘레는 원주의 길이보다 작고, 원에 외접하는 도형의 둘레는 원주의 길이보다 큽니다. 이와 같이 어떤 값이 존재하는 범위를 구하는 수학의 한 학습 방법을 배울 수 있습니다.

5교시 원이 굴러갈 때

바퀴가 굴러갈 때, 움직인 거리와 원주의 길이 사이에 나타나는 차이를 배웁니다. 원이 굴러갈 때, 원 위의 한 점이 움직이는 점을 연결하여 만든 사이클로이드 곡선을 소개합니다.

- **선행 학습** : 원주의 길이 구하기
- **학습 방법** : 본문에서 소개하는 아리스토텔레스의 역설을 먼저 생각해 보고, 실제 바퀴의 움직임과는 어떻게 차이가 나는지 곰곰이 생각해 보는 것이 좋습니다. 또한 동전을 직접 굴려 보며 본문에 나와 있는 내용을 직접 실험해 보는 것이 좋습니다.

6교시 가장 경제적인 도형, 원

둘레가 같을 때, 넓이가 가장 큰 도형은 원입니다. 이와 관련된 고대 그리스 신화의 이야기에서 수업이 시작됩니다. 넓이가 최대가 되는 다각형은 정다각형이라는 사실을 배우면서 원이 넓이가 최대가 됨을 자연스럽게 설명합니다.

- **선행 학습** : 평면도형의 넓이, 마름모의 성질, 이등변삼각형의 성질
- **학습 방법** : 넓이는 같지만 둘레를 더 짧게 그려 줄 수 있다면, 그 도형은 넓이가 최대가 되는 것이 아니라는 것을 이해해야 합니다. 이것은 주어진 끈으로 원하는 넓이의 도형을 만들고도 여분의 끈이 남게 된다는 것을 의미합니다. 남는 끈으로 넓이를 더 크게 할 수 있다는 것이지요. 정다각형은 같은 개수의 변을 가진 다각형 중에 넓이가 가장 큰 도형이 된다는 것을 이해해야 합니다.

7교시 원을 이용한 그림

많은 디자인에서 원과 같은 기하학적 도형을 이용합니다. 원을 이용하여 정다각형을 작도하는 방법을 소개하고 있습니다. 원에 내접하는 정사각형, 정육각형, 정팔각형, 정십이각형은 원주를 같은 길이의 호로 잘라 준 다음 자른 점을 연결하여 만든 도형입니다.

- **선행 학습** : 눈금 없는 자와 컴퍼스를 이용한 기본 작도
- **학습 방법** : 눈금 없는 자와 컴퍼스를 이용하여 본문에 나와 있는 정다각형의 작도법을 따라 직접 그려 본다면 매우 좋은 수학 공부가 됩니다. 원에 내접하는 정다각형을 그린다는 것은 원주를 같은 길이의 호로 잘라 주는 것과 같습니다. 이 사실을 생각하면 작도 방법이 성립하는 이유를 좀 더 쉽게 이해할 수 있습니다. 또한 원을 이용한

그림을 바탕으로 여러 가지 디자인을 해 본다면 수학의 새로운 측면을 맛볼 수 있습니다.

8교시 원을 이용한 과학

생활과 과학에서 원이 사용되는 대표적인 예로 굴림대와 도르래를 소개하고 있습니다. 굴림대와 도르래에서 원의 역할을 살펴보고, 구체적으로 어떤 점이 어떻게 좋은지 분석해 봅니다.

- **선행 학습** : 과학에 나오는 도르래에 대해 먼저 살펴보면 좋습니다.
- **학습 방법** : 굴림대와 도르래의 장점을 단순히 받아들이지 말고, 왜 그런 장점이 생기는지 수학적으로 분석해 보는 것이 필요합니다. 본문에서는 가급적 알기 쉽게 굴림대와 도르래의 장점을 수학으로 분석해 놓았습니다. 차분하게 읽어 보면 수학뿐 아니라 과학을 공부할 때에도 도움이 됩니다.

9교시 원과 작도

눈금 없는 자와 컴퍼스를 사용하여 지워진 원을 복원하는 내용을 중심으로 하여 선분의 수직이등분선에 대한 작도, 원의 중심을 찾는 방법을 배웁니다. 작도와 종이 접기 사이의 공통점을 살펴봅니다.

- **선행 학습** : 눈금 없는 자와 컴퍼스를 이용한 기본 도형의 작도
- **학습 방법** : 거름종이를 직접 접어 보는 것과, 자와 컴퍼스를 사용하

여 작도를 하는 것의 공통점을 이해하면 좋습니다. 종이 접기를 수학적으로 분석하는 방법에 대해 주의 깊게 읽어 본다면 매우 좋습니다.

조충지를 소개합니다

祖冲之 (429~500)

원주율을 계산하는 것은 수학 분야에서 중요하면서도 어려운 연구 과제입니다. 고대 중국의 수많은 수학자들이 원주율의 계산에 힘써 왔지요. 그중에서 5세기 무렵에 조충지가 이룩한 성과는 원주율 계산에서 일대 혁신이라고 할 수 있습니다. 조충지의 뛰어난 업적을 기리기 위하여 일부 수학 사학자들은 원주율 π를 '조율祖率'로 명명할 것을 제의하였습니다. 원주율 계산의 성과 외에도 조충지는 아들과 함께 교묘한 방법으로 구체적 계산 문제를 해결하였습니다. 서방 국가에서는 '카발리에리Cavalieri의 원리'를 채용하여 이 문제를 해결하였는데 그것은 조충지의 뒤를 이어 1천여 년 후에 이탈리아의 수학자 카발리에리가 발견한 것입니다.

조충지 부자가 이 원리를 발견한 중대한 업적을 기리기 위하여 이 원리를 '조원리'라고 부르게 되었습니다.

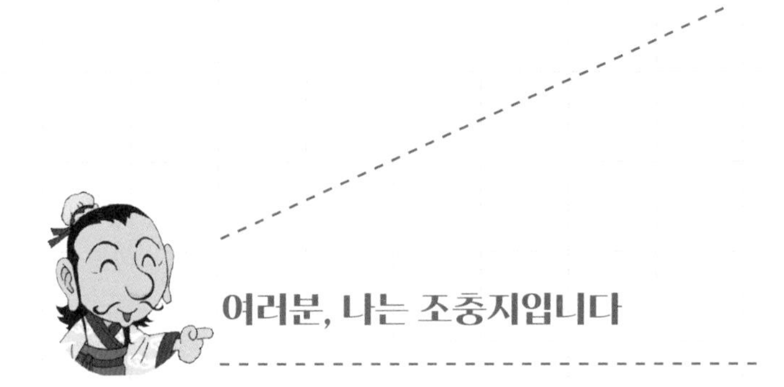

여러분, 나는 조충지입니다

나는 지금으로부터 1600여 년 전, 중국의 남북조 시대에 살았던 수학자입니다.

여러분들은 피타고라스나 아르키메데스, 유클리드와 같이 그리스 수학자들에 대해서는 잘 알고 있지만 동양의 수학자에 대해서는 별로 들어본 사람이 없을 것입니다. 지금 여러분들이 배우고 있는 수학의 대부분은 서양에서 체계화된 내용이 기본으로 되어 있기 때문입니다.

옛날에는 동양의 수학이 서양의 수학에 비해 결코 뒤지지 않았습니다. 기록으로 남겨진 것이 서양에 비해 적어서 많이 알려지지 않았을 뿐이랍니다. 중국과 인도를 중심으로 한 동양의 수학도 매우 수준이 높았지요.

중국은 유럽의 여러 나라들에 비하면 기록이 적지만 아시아의 국가로는 비교적 기록이 많이 남아 있답니다. 그 한 예로 여러분들이 많이 알고 있는 파스칼의 삼각형의 경우에는 파스칼이 살았던 시기보다 400여 년 전에 이미 중국의 책에 그림이 나와 있습니다.

나는 수학자이자 천문학자였습니다. 당시에는 동지에서 이듬해 동지까지의 시간을 정확히 재고 이를 바탕으로 달력을 만드는 일이 매우 중요했습니다. 나라의 기본이었던 농사를 잘 짓기 위해서는 정확한 달력이 필수였기 때문입니다.

나는 어려서부터 많은 책을 읽었습니다. 특히 천문학에 관심이 많았지요. 커서는 정확한 계산을 바탕으로 날짜 수를 계산하여 새로운 달력을 만들었는데 현대에 사용하는 것과 비교하여 50초 정도밖에는 차이가 나지 않을 정도로 매우 정확했습니다.

나는 원, 특히 원주율을 정확히 구하고자 노력했습니다. 그렇지만 여러분들이 파이π라 부르는 원주율은 좀처럼 자신의 모습을 드러내지 않았습니다. 하지만 나는 도형을 이용하여 원주율이 3.1415926과 3.1415927 사이에 존재함을 밝혀냈습니다.

세계 최초로 원주율의 소수점 아래 7번째 자리까지 정확한 값을 구해 낸 것이지요. 당시로서는 획기적인 발견이었습니다.

지금은 수학에 꼭 필요한 연산기호나 계산 방법 등이 많이 발전하였지만 예전에는 그렇지 않았습니다. 내가 살았던 시기에는 식으로 쓰지 않고 일일이 말로 적어 가며 엄청난 양의 암산을 동반하는 작업을 해야만 했습니다. 그래서 나 역시 원주율을 계산하는 데 오랜 세월이 걸렸습니다. 하지만 원주율은 천문이나 토지 측량 등 너무나 많은 곳에 사용되기 때문에 많은 노력을 들여서라도 계산해 놓을 가치가 있었습니다.

나는 지남차나 자동으로 움직이는 마차와 같은 기계 발명에도 관심이 많았습니다. 수학과 과학은 떼어 놓을 수 없는 것이라 생각합니다. 그래서 여러분과 함께 할 원에 관한 수업도 수학적인 내용에만 머무르지 않을 것입니다. 물론 원을 이해하고 올바르게 사용하기 위해 꼭 필요한 수학적 지식을 전달하는 데에도 소홀하지 않도록 하겠습니다.

자신이 연구한 여러 가지 업적을 모아서 기록으로 남기는 일은 매우 중요합니다. 기록은 수학의 발전을 보다 많은 사람들에게 알려 주고, 그것을 다음 세대의 수학자들에게 쉽게 전달하는 힘을 가지고 있습니다. 기록의 차이가 시간이 갈수록 동양과 서양 수학의 격차를 커지게 하였지요.

자라나는 세대에게 수학을 전달하는 데 소홀했던 것에 대한 아쉬움이 많았는데 여러분들과 이렇게 수업을 하게 되어 얼마나 기쁜지 모르겠습니다. 원의 세계로 즐거운 여행을 떠나 봅시다.

나는 천문학자이기도 했는데 새로운 달력도 만들었답니다.
이 달력은 현대의 달력과 50초 정도밖에 차이가 나지 않아요.
으쓱
정확한 원주율은 얼마일까?
원주율은 3.1415926과 3.1415927 사이에 존재해요.
나는 세계 최초로 원주율의 소수점 아래 7번째 자리까지 정확한 값을 구해 냈지요.
π=3.1415926
이제부터 나와 함께 즐거운 원의 세계로 여행을 떠나 볼까요?

1교시

자연이 만든 도형, 원

원의 넓이에 대한 공식과 둘레의 길이를 구하는 공식을
단순히 받아들이는 것이 아니라 공식이 나타내는 의미를
살펴봅니다.

수업 목표

1. 원이 가지는 도형의 특성을 찾아봅니다.

2. 원의 넓이와 둘레의 길이를 구하는 방법과 공식을 이해합니다.

미리 알면 좋아요

1. 원 평면 위의 한 점에서 같은 거리에 있는 점을 모두 연결한 도형.

2. 원주 원의 둘레.

3. 지름 원의 중심을 지나는 선분.
원주의 두 점을 연결한 선분 중에 가장 길이가 깁니다.

4. 원주율 지름과 원둘레의 비.
(원주의 길이)÷(지름의 길이)로 계산하고, 약 3.14 정도 됩니다.

조충지의 첫 번째 수업

안녕하세요. 나는 여러분을 원의 세계로 안내할 중국의 수학자 조충지입니다.

"안녕하세요, 선생님. 선생님은 중국인이세요?"

네, 그렇습니다. 나는 지금으로부터 1600여 년 전 중국의 남북조 시대에 살았던 수학자입니다. 중국이나 한국에는 수학자가 드물지요? 그렇다고 중국이나 한국에 수학자가 없었다거나 수학적인 발견이 없었던 것은 아니랍니다. 단지 서양에 비해 기록으로 남겨진 것이 많지 않을 뿐이지요.

조충지라는 이름을 듣고 무언가 기억해 내려는 듯 인상을 쓰던 정수가 갑자기 얼굴이 환해지며 질문을 했습니다.

"선생님! 선생님은 세계 최초로 원주율, 그러니까 파이를 소수점 아래 7번째 자리까지 구해 내셨다면서요?"

네, 그렇습니다.

이번에는 미라가 질문을 이었습니다.

"선생님, 정수는 파이를 소수점 아래 30번째 자리까지 외우고 다녔어요. 얼마나 자랑을 했는지 몰라요. 그런데 선생님도 원주율에 관심이 많으셨나 봐요?"

네, 그렇습니다. 나도 원과 원주율에 관심이 많았답니다. 여러분들과 함께 앞으로 수업할 내용도 바로 원에 관한 것이랍니다.

원에 대해 공부하기에 앞서 먼저 원이란 무엇인지에 대해 알아볼까요?

원이 무엇인지 말해 볼 사람 있나요?

정수가 손을 번쩍 들었습니다.

"원이란 한 점에서 같은 거리에 있는 점을 연결한 도형입니다."

네, 일부 맞기도 하지만 정답이라고 보기에는 조금 부족합니다. 자, 이곳을 볼까요?

조충지는 칠판에 수직선을 그리고 원점을 표시하였습니다.

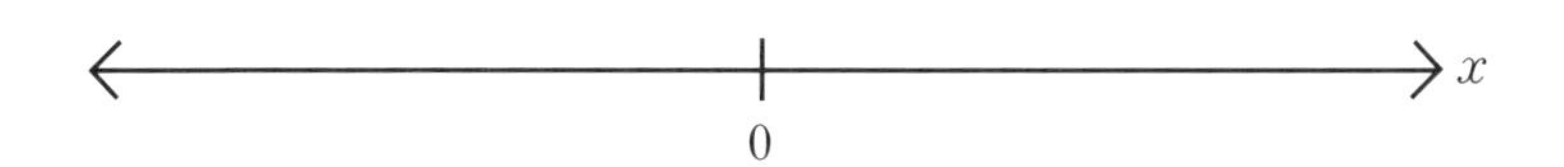

자, 이제 원점에서 거리가 1로 같은 점을 찾아보려 합니다. 어떻게 나타나지요?

미라가 뭔가 깨달았다는 듯 큰소리로 설명하였습니다.

"수직선에서는 두 점으로 나타나요. 그러니까 원이란 평면에서 한 점으로부터 같은 거리에 있는 점을 모두 모은 것입니다."

그렇습니다. 한 점으로부터 같은 거리에 있는 점을 표시한다면 수직선에서는 두 점으로 나타납니다.

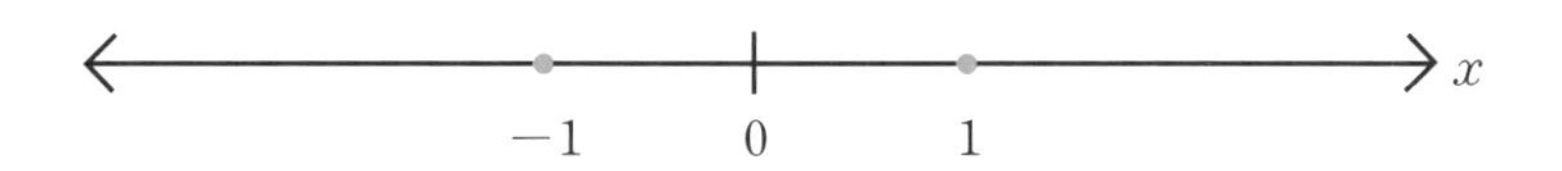

좌표평면에서는 우리가 잘 알고 있는 원이 되지요.

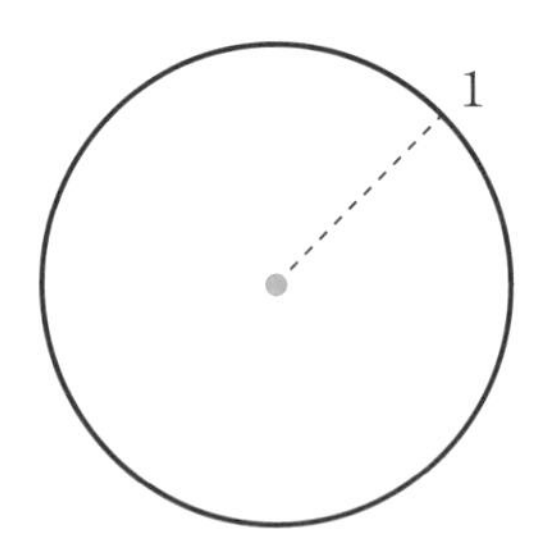

그렇다면 3차원 공간에서는 어떻게 나타날까요?

"구가 됩니다."

그렇습니다. 3차원 공간에서는 구가 됩니다.

축구공은 한 점에서 같은 거리에 있는
점들이 면을 이루어 만들어진다.

평면도형 중에 우리에게 가장 친숙한 도형이 바로 원입니다.

나는 바로 앞에 앉아 있는 여러분들의 눈동자를 쳐다보면서 원을 대합니다. 우리는 매일매일 세상을 비추는 원 모양의 태양을 만나면서 생활하고 있지요.

또한 원은 가장 간단한 도구로 그릴 수 있는 도형입니다.

여러분들이 모두 운동장에 서 있다고 가정해 봅시다. 그리고 막대를 들고 원을 그려 보세요. 그 영역은 한 사람에게 어느 방향으로나 같은 거리 안에 있는 영역을 나타냅니다. 원이란 한 점으로부터 일정한 거리에 있는 점들을 연결하여 만들어진 도형으로, 영역의 경계를 나타내지요.

여러분들은 많은 과일이나 열매들이 왜 구 모양을 하고 있는지 생각해 본 적이 있나요?

학생들의 대답이 없자 조충지의 설명이 다시 이어졌습니다.

구는 겉넓이가 같은 도형 중에 부피가 가장 큰 도형입니다. 따라서 구 모양을 하게 되면 겉넓이는 가장 작으면서 내용물은 최대한 많이 담을 수 있습니다. 따라서 나무 열매는 대부분 구 모양을 하고 있지요.

사실 삼각형이나 사각형과 같은 도형은 사람들이 만들어 낸 도형입니다. 그렇지만 원은 자연이 만든 도형입니다. 바람에 깎이고, 흐르는 물에 깎이면서 만들어진 도형이 원입니다.

원은 가장 경제적인 도형이기도 합니다. 둘레의 길이는 짧게 하면서 넓이는 가장 넓게 만들 수 있는 도형이 바로 원입니다. 자연은 항상 가장 빠른 길로 움직이고, 가장 경제적인 방법에 따라 진행됩니다. 결코 에너지를 낭비하는 일이 없지요. 그래서 원은 자연이 만들어 낸 도형이라 할 수 있습니다.

우리는 원에 관한 이번 수업을 통해 원에 숨겨진 여러 성질을 찾아볼 것입니다. 원의 둘레와 넓이, 원을 이용하거나 응용하는 방법, 원에서 만들어지는 다양한 도형들을 그려 보고 만들어 볼 것입니다.

한 학생이 손을 들고 질문했습니다.

"선생님, 책에서 보니까

(원주의 길이)=(지름의 길이)×3.14

(원의 넓이)=(반지름의 길이)×(반지름의 길이)×3.14

라고 되어 있는데 가끔씩 서로 뒤바뀌어 혼란스러울 때가 있어요. 그러니까 '(지름의 길이)×3.14'가 원주의 길이인지 원의 넓이인지, 아니면 '(반지름의 길이)×(반지름의 길이)×3.14'가 원의 넓이인지 원주의 길이인지……. 쉽게 잘 외울 수 있는 방법은 없나요?"

그렇죠. 두 개의 공식이 비슷해서 착각하기 쉽습니다. 가끔씩 원의 넓이를 구할 때, 지름의 길이에 3.14를 곱한 값을 쓰는 경우가 있지요. 쉽게 외우는 방법을 찾기보다는 공식이 의미하는 바가 무엇인지 이해하는 것이 가장 좋습니다.

여기에 고무줄처럼 길이가 잘 늘어나는 끈이 하나 있습니다. 이 끈을 이용하여 도형을 만들어 봅시다. 우선 끈의 길이는 a라고 하겠습니다.

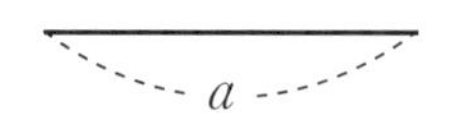

이 끈의 길이를 3배로 늘입니다.

3배가 늘어난 이 끈의 길이는 어떻게 나타낼 수 있을까요?

“$3a$가 되겠지요.”

맞았습니다. 길이가 3배 늘어난 끈으로 정삼각형을 만들어 봅시다.

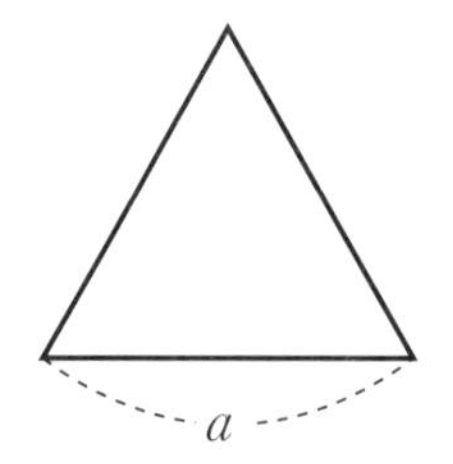

당연히 정삼각형 둘레의 길이는 $3a$가 됩니다.

이번에는 길이가 a인 주어진 끈을 길이가 4배가 되도록 늘여 보겠습니다.

늘어난 이 끈의 길이는 어떻게 나타내지요?

"당연히 $4a$가 되지요."

그렇습니다. $4a$가 됩니다. 4배로 늘어난 끈을 이용하여 정사각형을 만들어 보겠습니다.

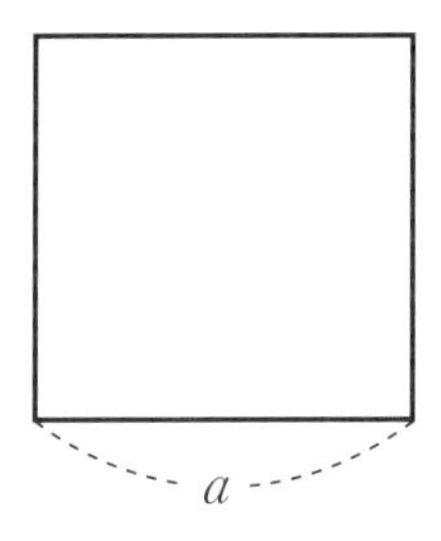

정사각형의 둘레는 $4a$입니다.

처음 주어진 끈의 길이를 3배로 늘이면 한 변의 길이가 a인 정삼각형을 만들 수 있고, 4배로 늘이면 한 변의 길이가 a인 정사각형을 만들 수 있습니다. 그런데 처음 주어진 끈의 길이를 3배보다 아주 조금 더, 그러니까 약 3.14배 정도 늘이면 무엇을 만들 수 있을까요?

"아, 원을 만들 수 있겠네요."

그렇습니다. 바로 지름이 a인 원을 만들 수 있습니다.

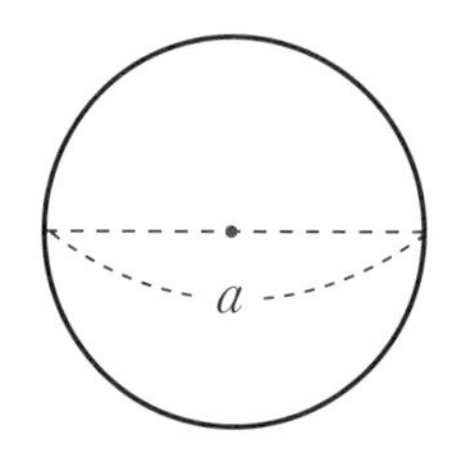

지금까지의 내용을 정리해 봅시다.

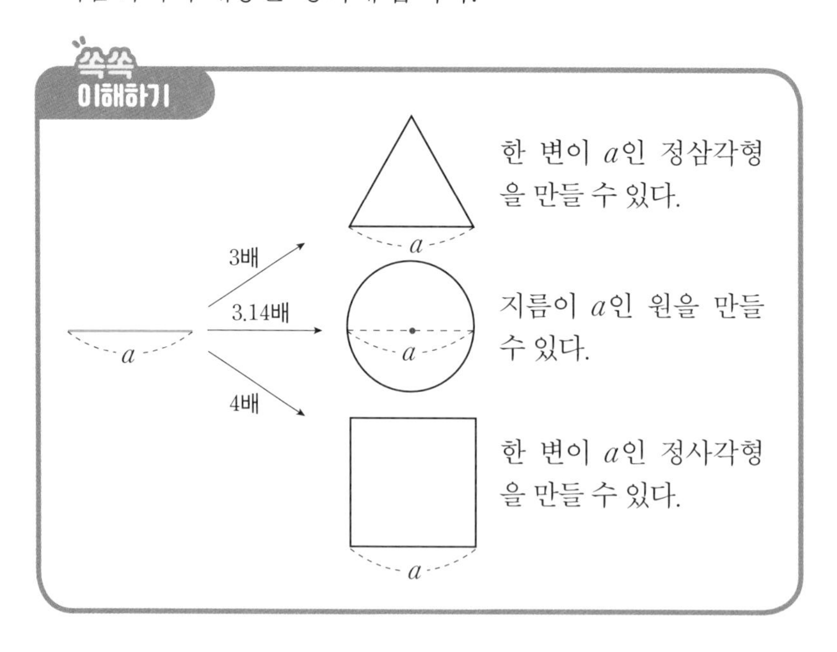

자, 이제 공식을 다시 한번 살펴볼까요?

$$(\text{지름의 길이}) \times 3.14$$

어떤 선분을 길이가 3.14배가 되도록, 그러니까 3배보다 아주 조금 더 길어지도록 늘였다는 뜻입니다. 이것은 원의 둘레일까요, 넓이일까요?

"아, 끈을 늘인 것이니까 원의 둘레가 되겠네요."

그렇습니다. 끈의 길이를 늘인 것이니 당연히 둘레를 의미하는 것이지요.

이번에는 정사각형의 개수를 늘려 보겠습니다. 한 변의 길이가 a인 정사각형 2개를 붙이면 직사각형이 됩니다.

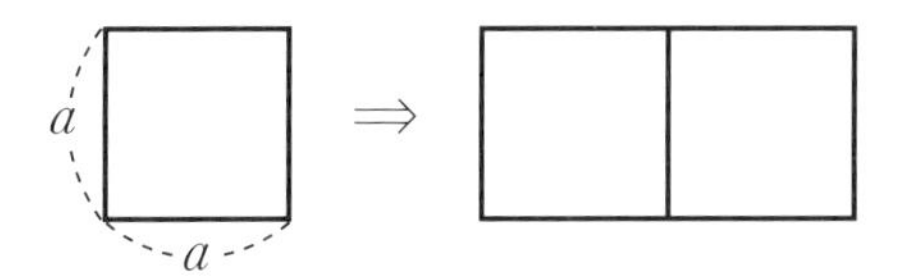

직사각형의 넓이는 어떻게 될까요?

"$2a^2$입니다."

그렇지요. 넓이가 a^2인 정사각형을 2개 붙였으니 당연히 넓이는 $2a^2$이 되겠지요.

그럼 넓이가 a^2인 정사각형을 3개 붙인 그림과, 4개 붙인 그림을 그려 볼까요?

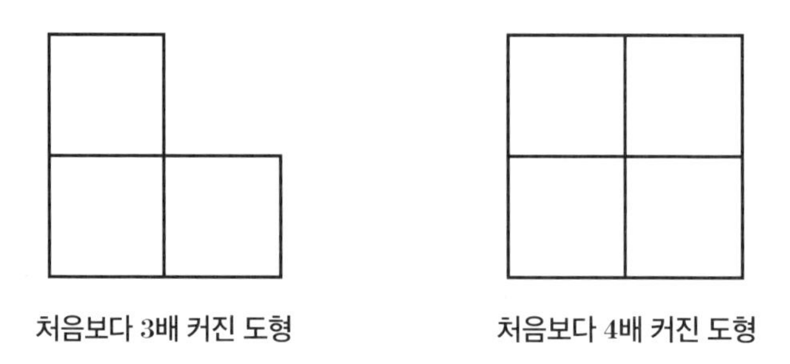

처음보다 3배 커진 도형　　　처음보다 4배 커진 도형

그런데 한 변의 길이가 a인 정사각형을 3배보다 아주 조금 더 늘리면 3배 늘린 ㄴ자 모양의 도형보다는 크고, 4배 늘린 밭전田 자 모양의 도형보다는 작은 도형이 나올 겁니다. 이 도형은 어떤 모양으로 만들어질까요?

"아, 원이 만들어지겠군요."

그렇습니다. 원이 만들어집니다. 결국 원의 넓이는 정사각형의 넓이를 3.14배 늘린 것으로 구한다는 의미가 됩니다.

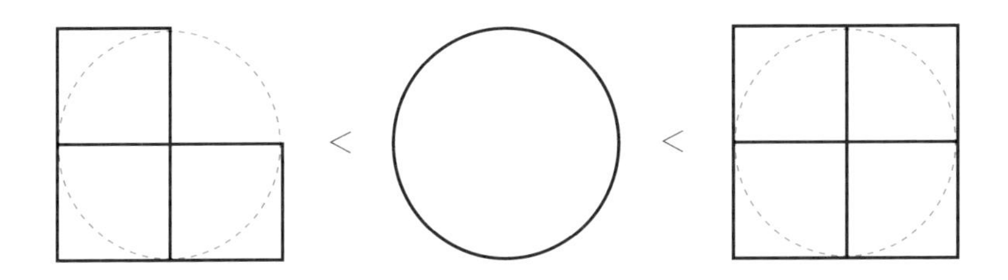

자, 그럼 '(지름의 길이)×3.14'와 '(반지름의 길이)×(반지름의 길이)×3.14'라는 공식이 무엇을 나타내는지 정리해서 설명해 볼 수 있는 사람 있나요?

정수가 손을 번쩍 들며 말했습니다.

"제가 해 보겠습니다."

좋습니다.

"(반지름의 길이)×(반지름의 길이)란 정사각형의 넓이를 뜻합니다. 원이 주어졌을 때, 그 반지름을 한 변으로 하는 정사각형을 3.14배 늘린 도형의 넓이가 바로 원의 넓이가 된다는 의미입니다."

아주 잘했습니다. 자, 그럼 정리해 볼까요?

쏙쏙 이해하기

- (지름의 길이) × 3.14
  ⇒ 선의 길이를 늘였다는 의미
  ⇒ 원의 둘레
- (반지름의 길이) × (반지름의 길이) × 3.14
  ⇒ 정사각형의 넓이가 더 크게 되었다는 의미
  ⇒ 원의 넓이

다음은 2008년 3월, 중학교 1학년 전국 연합 진단 평가에 나온 문제입니다. 우리의 수업에서 배운 것을 적용하여 풀어 보세요.

쏙쏙 문제 풀기

그림에서 정사각형 한 변의 길이와 원의 반지름 길이가 같다고 합니다. 정사각형의 넓이가 100cm²일 때, 원의 넓이를 구하시오. 단, 원주율은 3.14

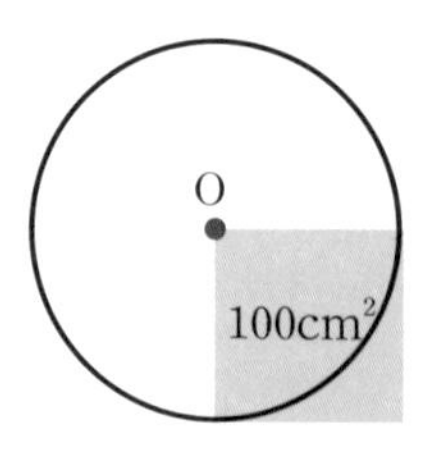

① 157cm² ② 314cm² ③ 471cm² ④ 628cm² ⑤ 942cm²

풀이 그림에서 색칠된 정사각형을 3.14배하면 원이 됩니다.

그러므로 답은 ② 314cm^2입니다.

수업 정리

❶ **원** 평면에 있는 한 점에서 같은 거리에 있는 점을 모두 연결하여 만든 도형입니다.

❷ 주어진 끈으로 넓이를 가장 크게 만드는 도형은 원입니다.

❸ 주어진 선분을 3.14배 늘인 다음 원으로 만들어 주면 원래 주어진 선분을 지름으로 하는 원이 됩니다.

(원주의 길이)＝(지름의 길이)×3.14 또는

(지름의 길이)×π

❹ 주어진 정사각형을 3.14배하면 정사각형의 한 변을 반지름으로 하는 원의 넓이가 나옵니다.

(원의 넓이)＝(반지름의 길이)×(반지름의 길이)×3.14 또는

(반지름의 길이)×(반지름의 길이)×π

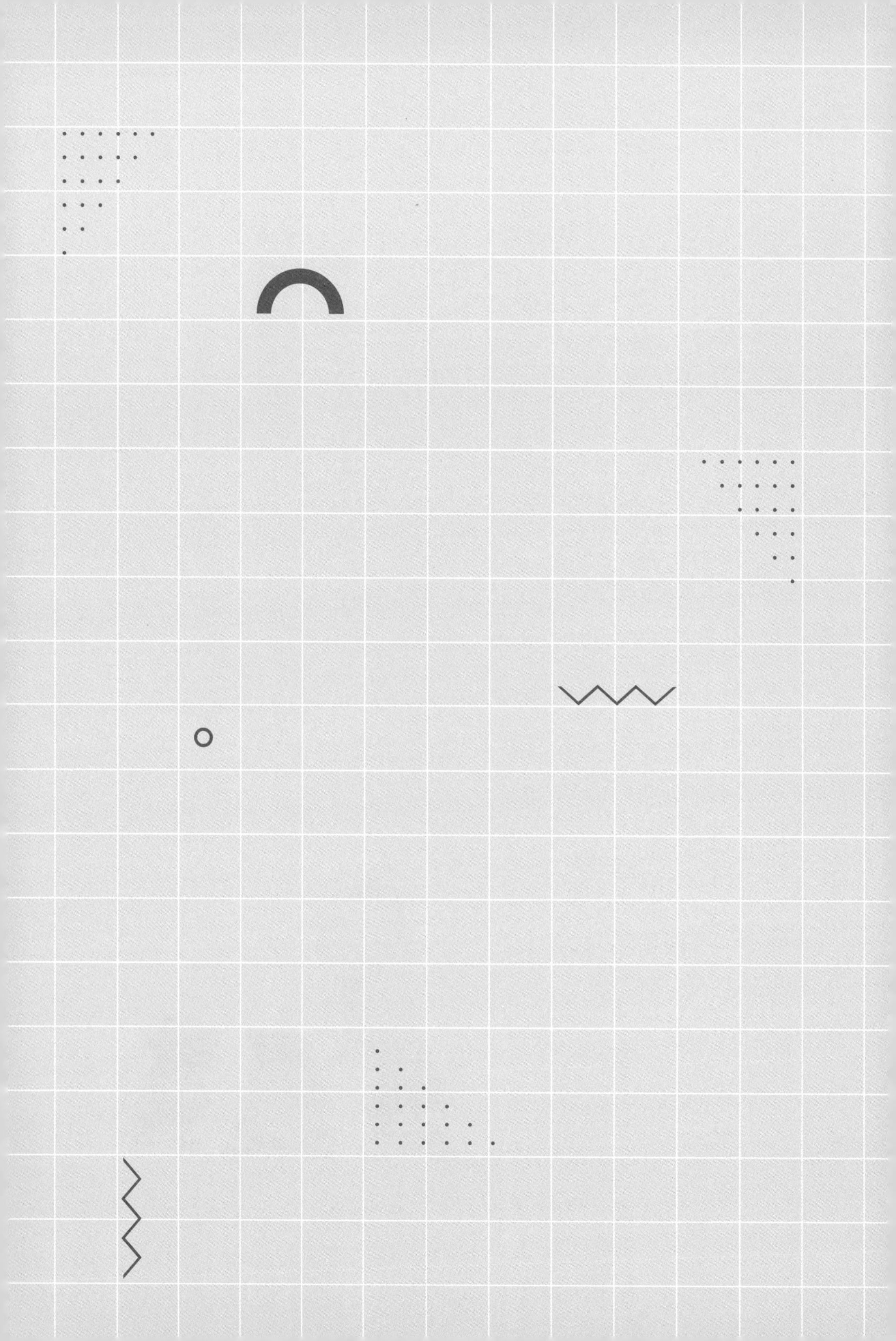

2교시

원에서 만든 도형, 호와 부채꼴

부채꼴의 중심각에 따라 부채꼴의 모양이 어떻게 변하고, 그에 따라 넓이는 어떻게 구하는지 배웁니다.

수업 목표

1. 원을 잘라서 만드는 여러 가지 도형의 뜻을 이해합니다.
2. 부채꼴에서 반지름의 길이와 중심각이 변함에 따라 넓이가 변하는 정도를 가늠해 봅니다.

미리 알면 좋아요

1. 호 원주 위의 두 점을 끝점으로 하는 원주의 일부분.

2. 부채꼴 원에서 중심을 기준으로 잘라 준 도형으로, 두 개의 반지름과 호로 이루어진 도형.

3. 현 원주 위의 두 점을 연결한 선분.

4. 활꼴 원에서 직선으로 잘라 만든 도형으로, 현과 호로 둘러싸인 도형.

5. 중심각 원의 두 반지름이 원의 중심에서 이루는 각.

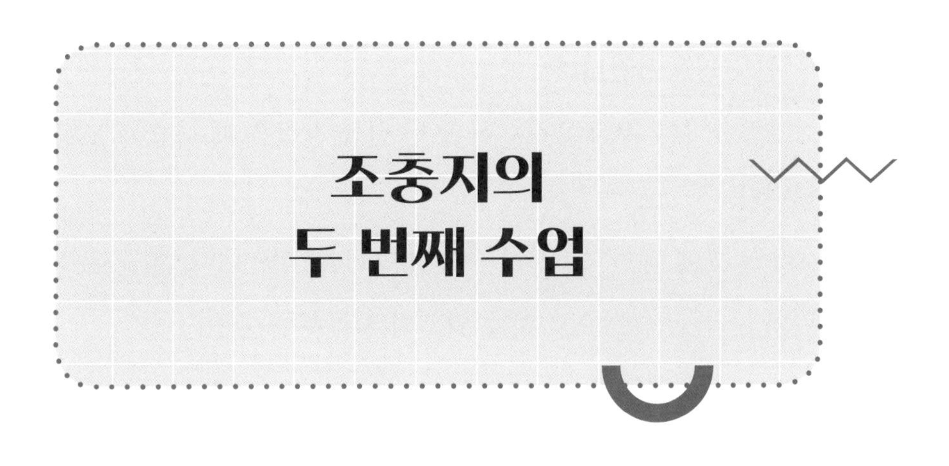

조충지의 두 번째 수업

원을 자르면 여러 가지 도형이 만들어집니다. 원에서 만들어지는 도형에는 무엇이 있는지 말해 볼 사람 있나요?

여기저기에서 학생들의 답이 나왔습니다.

"부채꼴이요."
"호도 있어요."

"현도 만들어집니다."

그렇습니다. 부채꼴, 호, 현 모두 원을 잘랐을 때 나오는 도형입니다.

우선 호에 대한 수학적인 정의를 살펴보겠습니다. 호란 원주 위의 두 점을 끝점으로 하는 원주의 일부분을 일컫습니다.

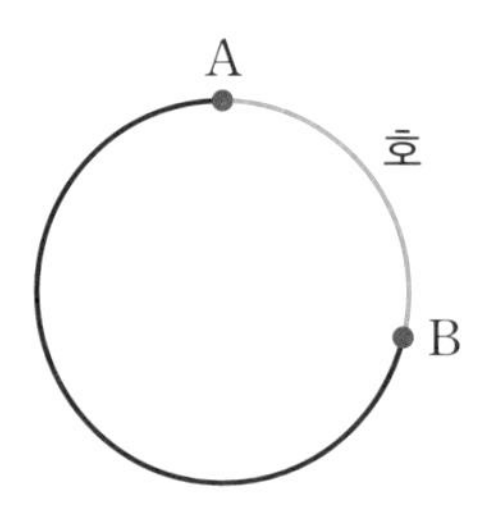

그림에서와 같이 점 A, B를 양 끝점으로 하는 호의 경우에는 $\overset{\frown}{AB}$로 나타냅니다.

보통 원이라고 하면 두 가지를 의미합니다. 접시나 CD와 같이 내부를 포함한 도형을 일컫기도 하고, 고리처럼 내부가 없고 선으로만 된 도형을 일컫기도 하지요.

부채꼴은 원에서 중심을 기준으로 그림과 같이 잘라 준 도형입니다. 내부가 있는 도형이지요. 수학에서 부채꼴은 두 개의 반지름과 호로 이루어진 도형을 의미합니다. 여러분이 보통 피자를 자를 때 나오는 모양입니다.

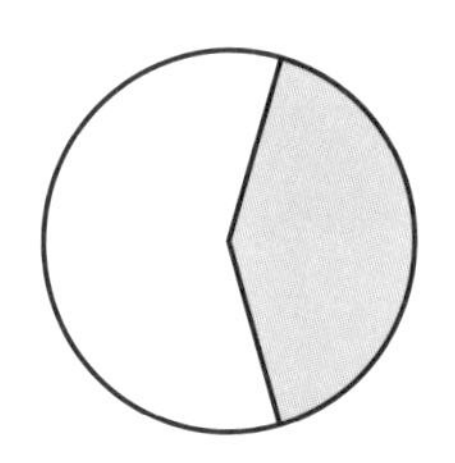
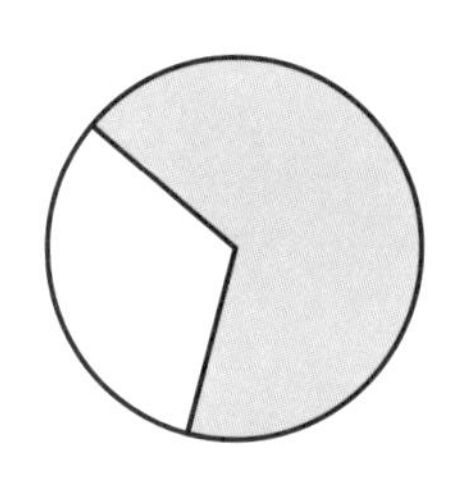
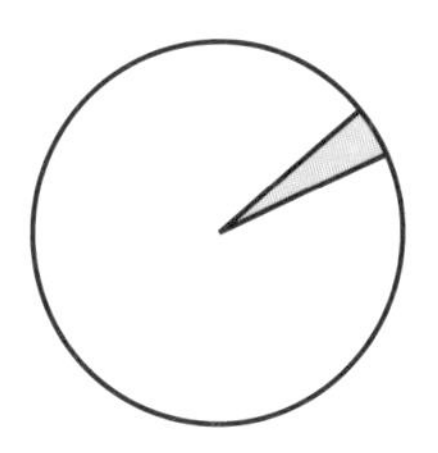

원 위의 두 점을 곧은 선으로 연결하면 현이 나옵니다. 현이란 원주 위의 두 점을 연결하여 만든 선분을 뜻합니다.

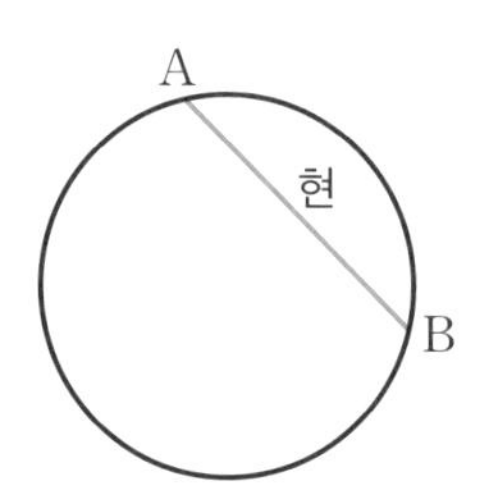

현을 표시할 때에는 $\overline{AB}$와 같이 선분으로 표시합니다.

기타나 바이올린과 같이 악기에 매인 줄의 진동을 이용하여 소리를 내는 악기를 현악기라 부르지요? 특히 기타 줄의 모양을 보면 원에서 그려진 현의 모양을 발견할 수 있을 것입니다.

내부가 채워진 원에서 자른 모양으로, 현과 호로 둘러싸인 도형을 활처럼 생겼다 하여 활꼴이라 부릅니다. 부채꼴과 활꼴을

잘 구별하기 바랍니다.

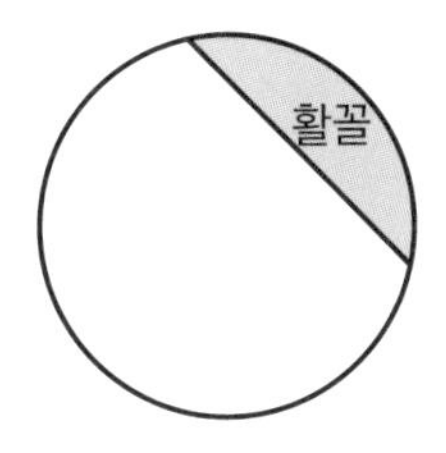

자, 그럼 질문을 하나 할까요? 원에서 자른 도형 중 부채꼴도 되고, 활꼴도 되는 도형은 무엇일까요?

학생들은 잠시 생각에 빠졌습니다. 잠시 후 미라가 손을 들었습니다.

"반원이에요, 선생님. 반원은 중심각이 180°인 부채꼴이고, 지름으로 자른 활꼴도 됩니다."

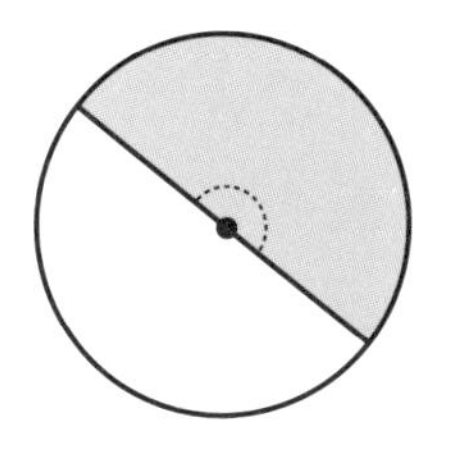

중심각이 180°인 부채꼴

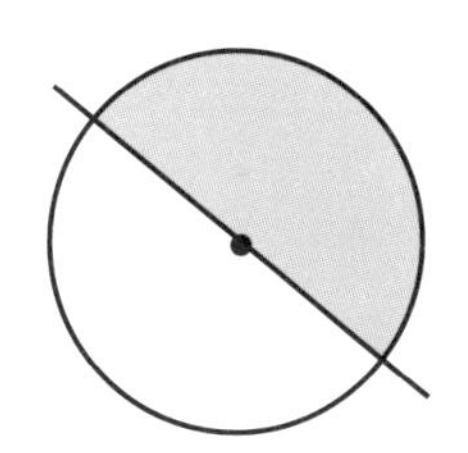

지름으로 자른 활꼴

아주 잘했습니다. 자, 그럼 부채꼴이 어떤 모양을 하고 있는지 설명하려면 무엇이 필요한지 살펴보도록 하겠습니다.

먼저 직사각형의 경우에는 무엇으로 그 모양을 설명하고 있을까요?

직사각형을 설명할 때에는 변의 길이, 즉 가로의 길이와 세로의 길이에 대한 정보만 있으면 됩니다. 가로, 세로의 길이만 있으면 그 직사각형이 어떤 모양을 하고 있는지, 크기는 어느 정도인지 충분히 알 수 있습니다.

부채꼴이 어떤 모양을 하고 있는지, 크기는 어느 정도인지 설명하기 위해서는 원의 반지름과 중심각에 대한 정보가 필요합니다.

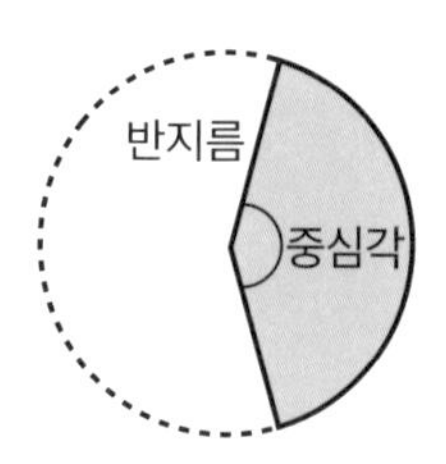

부채꼴을 어떤 원에서 잘랐는지 알기 위해서는 원의 반지름을 알 필요가 있습니다. 반지름의 길이에 따라 부채꼴의 크기

를 가늠할 수 있기 때문이지요.

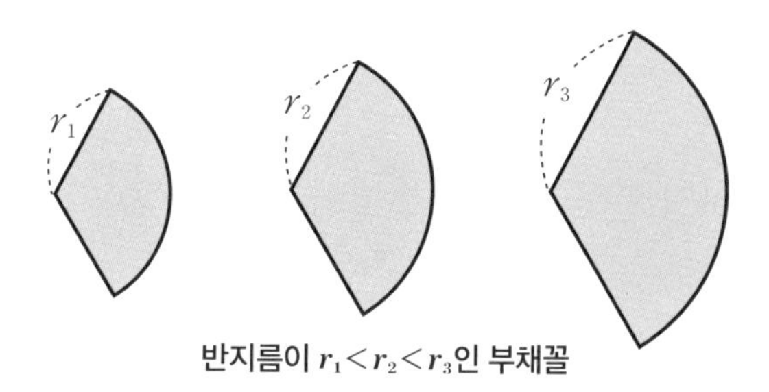

반지름이 $r_1<r_2<r_3$인 부채꼴

또한 부채꼴의 중심각은 부채꼴의 모양을 알 수 있게 해 줍니다. 중심각이란 원의 두 반지름이 원의 중심에서 이루는 각을 뜻합니다.

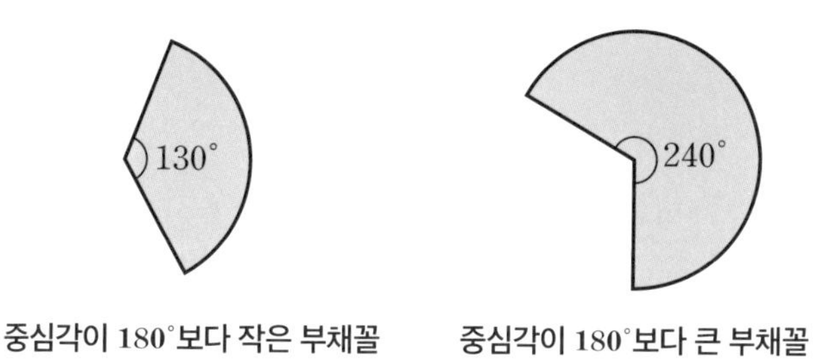

중심각이 180°보다 작은 부채꼴 **중심각이 180°보다 큰 부채꼴**

조충지의 설명을 주의 깊게 듣고 있던 정수가 질문을 했습니다.

"선생님, 가로의 길이와 세로의 길이만 알면 직사각형의 넓이를 알 수 있듯이 원의 반지름과 중심각을 알면 부채꼴의 넓이나 둘레의 길이를 알 수 있나요?"

물론입니다. 우선 부채꼴의 넓이부터 알아볼까요?

부채꼴과 호는 원의 일부이니까 부채꼴의 넓이는 원 넓이의 몇 분의 몇인지로 구하고, 호의 길이는 원주 길이의 몇 분의 몇인지로 구합니다.

가령, 중심각이 60°인 부채꼴은 원의 $\frac{1}{6}$에 해당합니다.

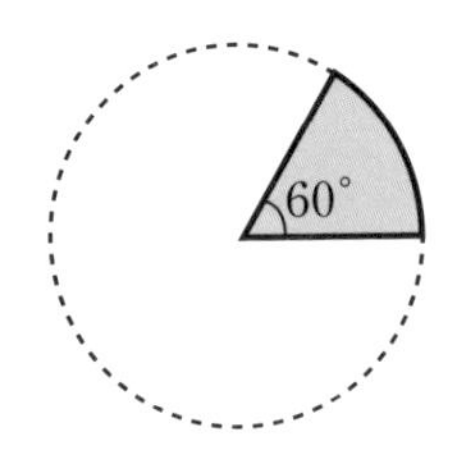

그러므로 부채꼴의 넓이는 원 넓이의 $\frac{1}{6}$로 구하면 됩니다.

$$\frac{1}{6} \times \text{원의 넓이} = \frac{1}{6} \times \text{반지름} \times \text{반지름} \times \pi$$

쏙쏙 이해하기

중심각이 A°인 부채꼴의 넓이$=\frac{A^\circ}{360^\circ} \times$ 반지름 $\times$ 반지름 $\times \pi$

여기에서 $\frac{A^\circ}{360^\circ}$란 원 중심에서의 각 360° 중에 부채꼴이 차지하는 각이 어느 정도인지를 나타냅니다.

언제나 꼼꼼하게 공부하는 미라가 손을 들고 말했습니다.

"선생님, 부채꼴의 넓이를 구하는 문제를 하나 풀어 보았으면 좋겠습니다."

좋습니다. 뭐가 좋을까요? 부채꼴에 대해 살펴보아야 하니 부채가 가장 좋겠군요.

예전에 나도 부채를 참 좋아했습니다. 옛날의 부채는 더위를 식혀 주는 도구일 뿐만 아니라 훌륭한 예술 작품이 되기도 했답니다.

조충지는 부채의 사진을 하나 보여 주었습니다.

김흥도의 <협접도>

이 사진은 18세기 조선 시대의 화가였던 단원 김홍도가 그린 '협접도'라는 그림입니다. 부채에 그린 그림이지요.

우리도 부채를 한번 만들어 보겠습니다. 어떻게 만들면 좋을까요?

먼저 종이에 원을 하나 그립니다. 반지름은 40cm 정도로 합니다.

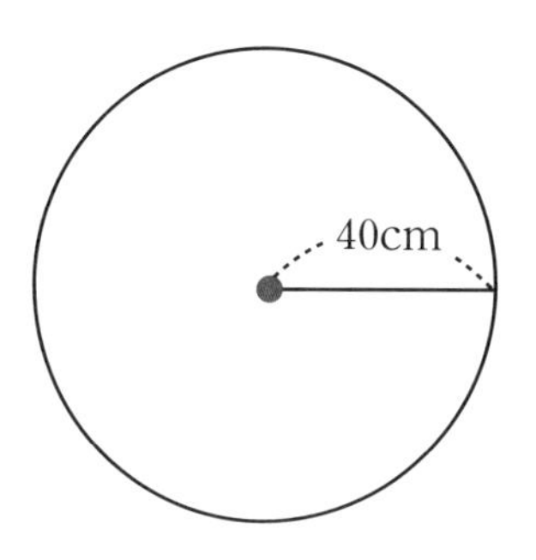

이 원의 넓이를 구해 볼 사람 있나요? 앞에 나와서 칠판에 한 번 구해 보세요.

계산이라면 누구보다 자신 있는 미라가 손을 번쩍 들었습니다. 조충지가 허락하자 미라는 칠판에 풀이를 적어 나갔습니다.

$$40 \times 40 \times \pi = 1600\pi \text{cm}^2$$

아주 잘했습니다. 이 원에서 일부를 잘라 부채꼴을 만들겠습니다.

부채꼴은 원의 일부이지요?

"네."

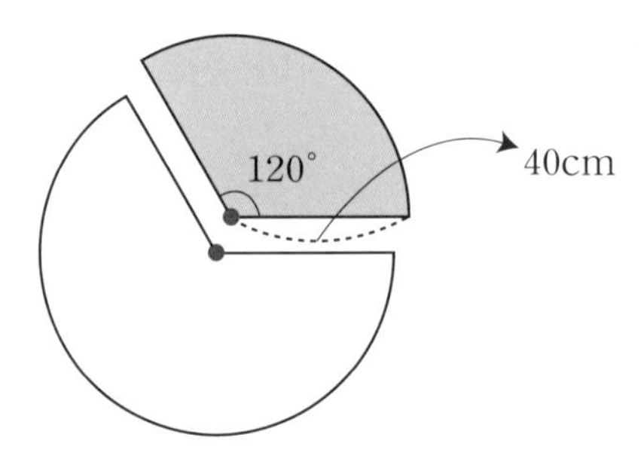

이 부채꼴의 넓이는 원 넓이의 몇 분의 몇일까요?

이번에는 정수가 손을 번쩍 들고 답했습니다.

"중심각이 120°이니까 $\frac{120°}{360°}=\frac{1}{3}$입니다. 따라서 부채꼴의 넓이는 원 넓이의 $\frac{1}{3}$이 됩니다."

네, 잘했습니다. 마지막으로 부채를 만들기 위해 반지름이 20cm인 부채꼴을 잘라 내겠습니다.

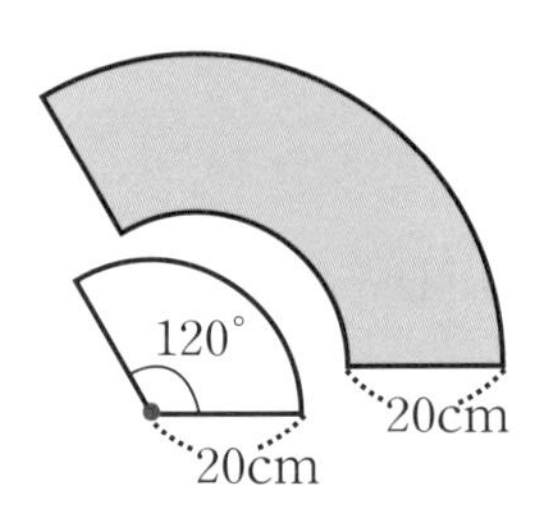

자, 이제 잘라 내고 남은, 부채의 넓이를 구해 보겠습니다.

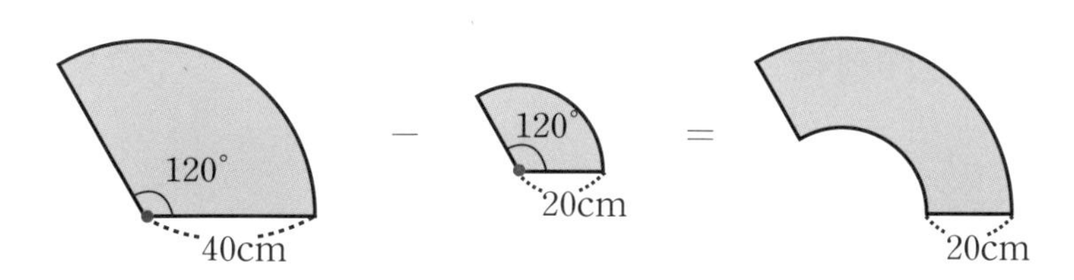

그림과 같이 반지름이 40cm인 부채꼴에서 반지름이 20cm인 부채꼴을 빼 주면 됩니다.

두 부채꼴의 중심각이 모두 120°이므로 다음과 같이 구할 수 있습니다.

$$\text{부채의 넓이}=\frac{120^\circ}{360^\circ}\times 40\times 40\times \pi-\frac{120^\circ}{360^\circ}\times 20\times 20\times \pi$$
$$=\frac{1}{3}\times 1600\times \pi-\frac{1}{3}\times 400\times \pi$$
$$=\frac{1200}{3}\times \pi=400\times \pi$$
$$=400\pi\text{cm}^2$$

수업 정리

❶ 원을 자르면 여러 가지 도형을 만들 수 있습니다. 원을 잘라 만든 도형에는 호, 부채꼴, 활꼴 등이 있습니다.

❷ 부채꼴에서 반지름의 길이와 중심각의 크기만 주어지면 호의 길이와 모양을 알 수 있습니다.

❸ **중심각이 A°인 부채꼴의 넓이**

$\frac{A^\circ}{360^\circ}$ × 반지름 × 반지름 × π

호로 이루어진 도형

다음과 같이 길이가 같은 점선으로 된 선분이 있습니다. 여기에 반원을 그려 나갑니다. 이때 (가)와 (나) 중 어느 쪽의 길이가 더 길까요?

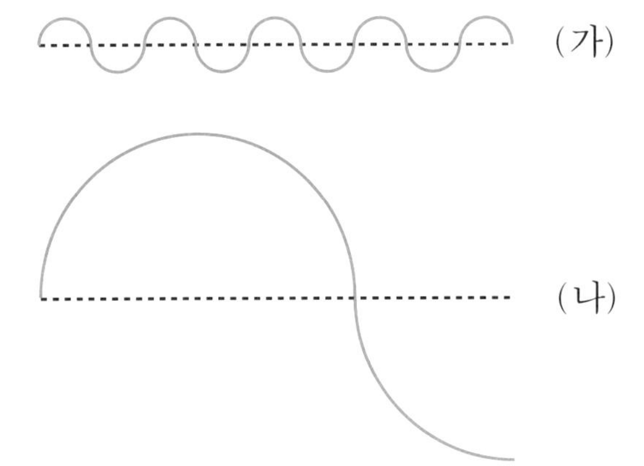

정답은 "같다"입니다.

둘 다 점선을 $\frac{3.14}{2}$배씩 늘여 만든 호로 이루어진 도형이기 때문입니다.

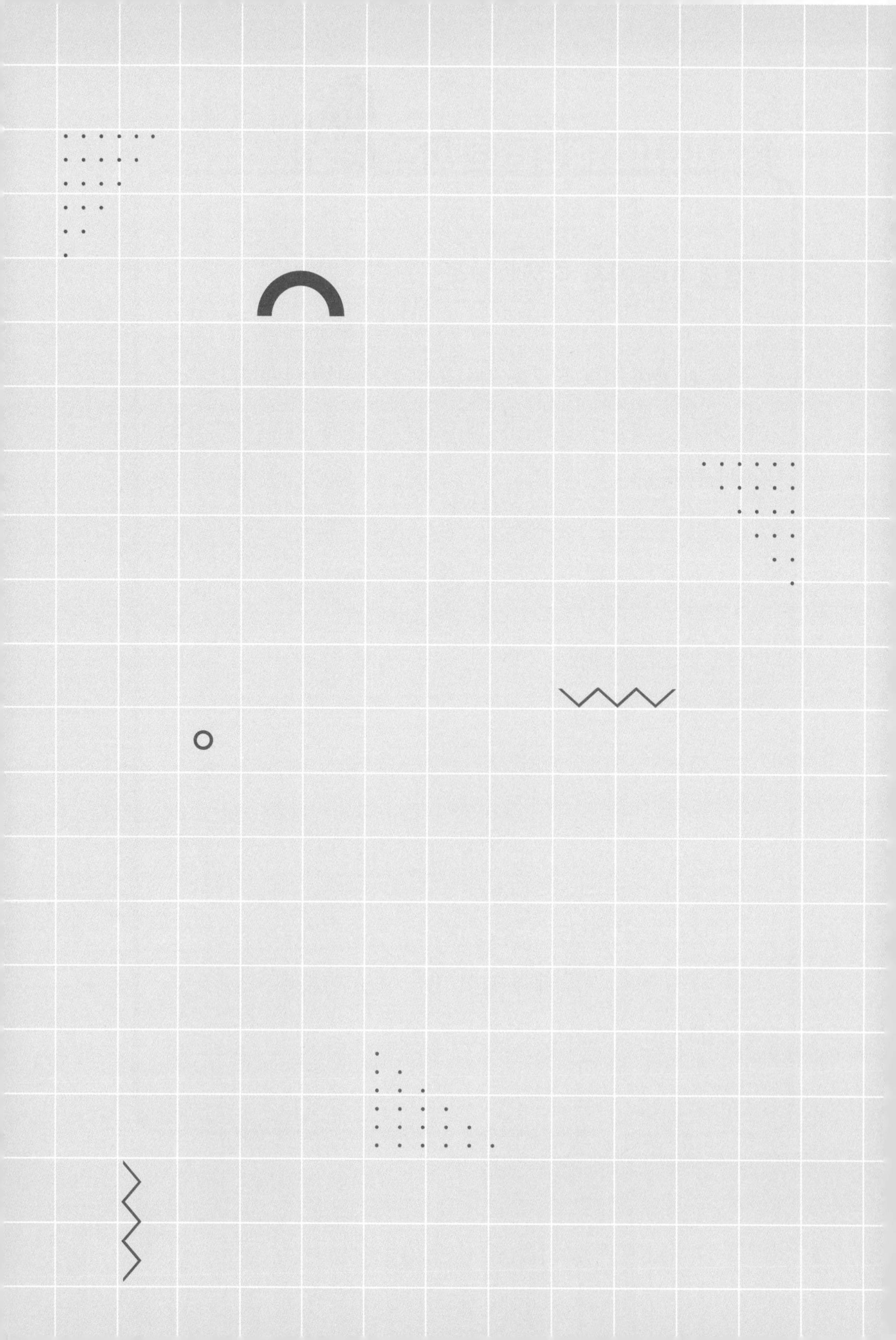

3교시

원의 영역과 넓이

평면 위에 있는 한 점에서 같은 거리에 있는 점을 모두 모으면 원이 됩니다. 만약 점이 있는 곳에 제한이 있으면 부채꼴을 여러 개 붙인 모양으로 나타날 수 있습니다. 이러한 도형의 모양을 분석하고 넓이를 구해 봅니다.

수업 목표

1. 한 점에서 일정한 거리 이내에 있는 영역의 넓이를 구해 봅니다.
2. 여러 가지 크기의 부채꼴로 이루어진 도형의 넓이를 구해 봅니다.
3. 주어진 원의 넓이가 $\frac{1}{2}$로 작아진 원을 그려 봅니다.

미리 알면 좋아요

1. 한 도형을 일정한 비율로 확대하거나 축소하여 도형을 만들었을 때, 이 도형을 처음 도형과 서로 닮음인 관계에 있다고 합니다. 서로 닮음인 관계에 있는 두 도형을 닮은 도형이라고 부릅니다.

2. 모든 원은 닮음입니다. 두 개의 부채꼴이 있을 때, 중심각이 같으면 두 부채꼴은 닮음입니다.

3. 평면도형에서는 길이가 2배로 커지면 넓이는 4배로 커지고, 반대로 길이가 $\frac{1}{2}$로 줄어들면 넓이는 $\frac{1}{4}$로 줄어듭니다.

조충지의 세 번째 수업

오늘 수업에서는 원의 넓이와 관련된 여러 가지 이야기를 해 보려고 합니다.

지난 시간에 원에 대해 알아보았지요?

원은 평면에서 한 점을 중심으로 하여 거리가 같은 점을 연결하여 만든 도형입니다.

예를 들어, 다음과 같이 그린 원은 중심 O로부터 5cm 떨어진 점들로 이루어진 것입니다.

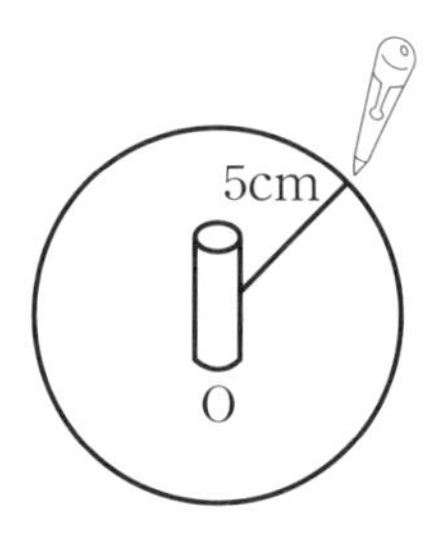

그렇다면 원의 내부가 나타내는 것은 무엇일까요?

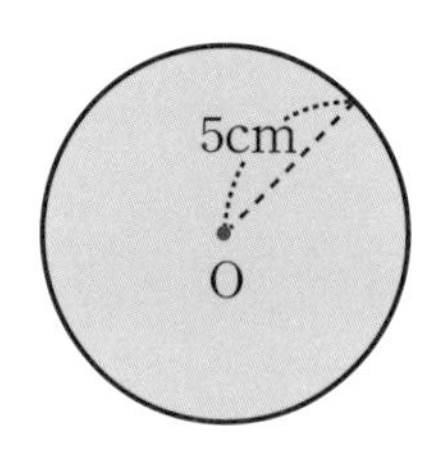

"중심 O로부터 거리가 5cm 미만인 점들로 이루어진 영역입니다."

잘 말해 주었습니다. 원의 내부란 점 O로부터 일정 거리 안에 있는 영역을 나타냅니다.

이것은 2차원 평면에서 한정된 이야기입니다. 3차원 공간에 있는 한 점으로부터 일정한 거리 이내의 점들을 모두 모으면 무엇이 될까요?

"구가 됩니다."

그렇습니다. 구가 됩니다. 우리는 원에 대한 공부를 하는 것이니까 2차원 평면으로 우리의 생각을 한정해야만 합니다. 너무 수학적인 이야기라 어렵지요?

"네."

알겠습니다. 좀 쉬운 예를 살펴보기 위해 넓은 들판으로 나가 보겠습니다. 물론 우리의 상상 속에서 말입니다.

넓게 펼쳐진 풀밭에 기둥을 세우고 소를 묶어 놓았습니다. 줄의 길이는 5m입니다.

소는 자유롭게 풀을 뜯으며 시간을 보내고 있습니다. 이때,

소가 돌아다니면서 풀을 뜯을 수 있는 영역이 바로 원이 되겠지요. 소가 돌아다닐 수 있는 영역의 넓이는 어떻게 될까요?

"소가 다닐 수 있는 영역은 원과 그 내부입니다. 그러니까 원의 넓이를 구해 주면 됩니다. 따라서 $5\times5\times\pi=25\pi \mathrm{m}^2$입니다."

그렇습니다. 소가 풀을 뜯을 수 있는 영역의 넓이는 $25\pi \mathrm{m}^2$입니다. 자, 그렇다면 소를 묶어 둔 곳을 조금 변형해 주면 재미있는 문제가 나옵니다. 이곳을 보세요.

조충지는 칠판에 그림을 그렸습니다.

가로, 세로의 길이가 각각 4m, 2m인 직사각형 모양의 건물이 있고, 그림과 같이 건물의 벽에 5m 길이의 줄로 소를 묶어 두었습니다. 건물 밖에는 소가 좋아하는 풀이 많이 자라 있습니다. 소는 건물 안으로 들어갈 수 없다고 할 때, 소가 움직일 수 있는 영역은 어떻게 나타날까요? 또 그 넓이는 어떻게 될까요?

정수가 손을 들고 대답했습니다.

"먼저 건물의 앞쪽에는 반원이 그려질 것 같습니다."

좋습니다. 한번 나와서 영역을 그려 볼래요?

정수가 나와서 그림을 그렸습니다.

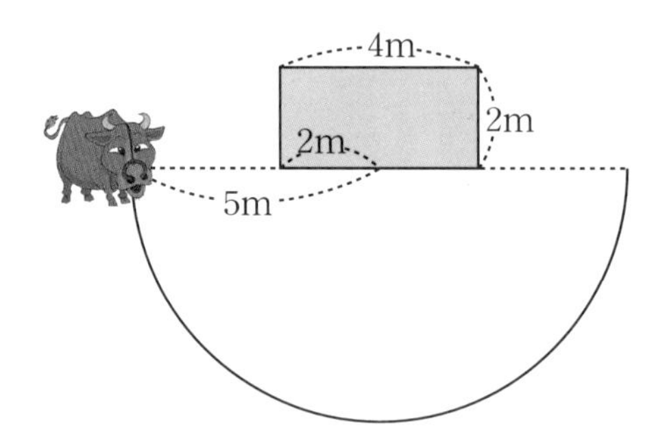

"여기에서 소가 뒤쪽으로 더 움직이면 다음과 같이 됩니다."

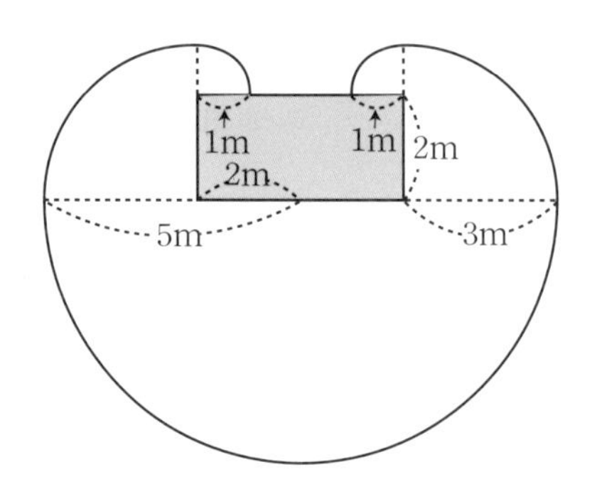

아주 잘 그렸습니다. 보다시피 반원과 부채꼴로 나타납니다.

그럼 소가 풀을 뜯을 수 있는 영역의 넓이를 구해 볼까요? 넓이를 구하기 위해 반원과 부채꼴을 ㉮, ㉯, ㉰로 표시하겠습니다.

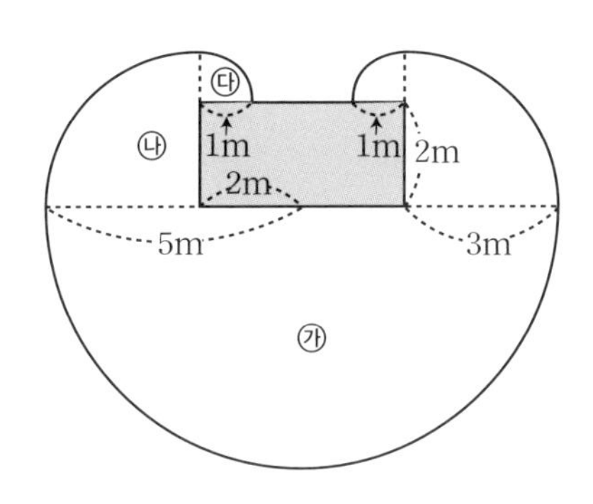

그럼 ㉮, ㉯, ㉰의 넓이를 구해 볼까요?

㉮ : 반지름이 5m인 반원이므로 $\frac{1}{2}\times5\times5\times\pi=\frac{25}{2}\pi\text{m}^2$

㉯ : 반지름이 3m인 원의 $\frac{1}{4}$이므로 $\frac{1}{4}\times3\times3\times\pi=\frac{9}{4}\pi\text{m}^2$

㉰ : 반지름이 1m인 원의 $\frac{1}{4}$이므로 $\frac{1}{4}\times1\times1\times\pi=\frac{1}{4}\pi\text{m}^2$

그럼 소가 뜯을 수 있는 풀밭의 넓이는 다음과 같이 구할 수 있습니다.

$$\frac{25}{2}\pi+2\times\frac{9}{4}\pi+2\times\frac{1}{4}\pi=\frac{35}{2}\pi\text{m}^2$$

이와 같이 소가 고정된 한 점에서 전후좌우로 일정한 거리 이내에서만 움직일 수 있을 때, 그 범위는 원이나 혹은 원의 일부인 부채꼴로 나타납니다.

여러분들의 상상력을 키울 수 있는 또 다른 문제를 살펴보겠습니다.

자, 여기 그림을 보세요. 두 개의 팔이 달린 작업용 로봇이 있습니다.

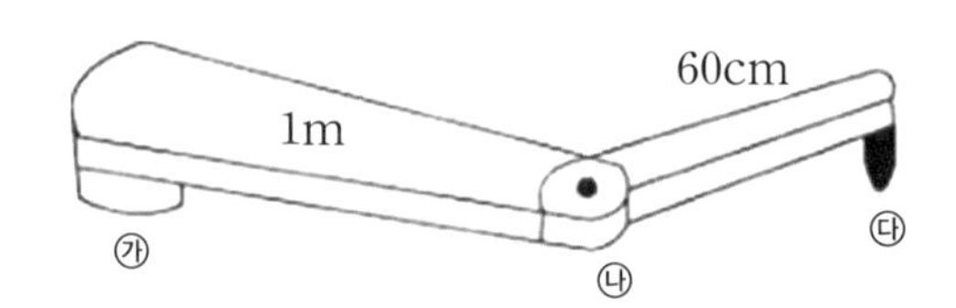

이 로봇 팔은 ㉮와 ㉯에서 모두 360° 회전이 가능하고, ㉰에서 나사를 박는 작업을 합니다. 이 로봇 팔을 이용하여 작업을 할 수 있는 영역은 어떻게 될까요?

"두 팔을 쫙 펴서 움직이면 원이 됩니다."

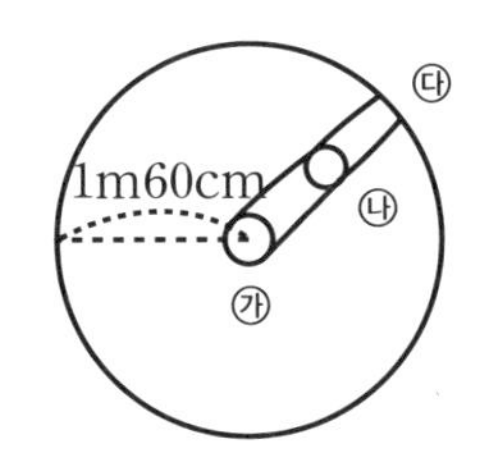

그렇습니다. 두 팔을 쫙 펴서 직선이 되게 한 다음 움직이면 반지름이 1m 60cm인 원이 됩니다.

그러므로 이 로봇 팔이 작업할 수 있는 범위는 ㉮로부터 1m 60cm 떨어진 곳을 경계로 하여 원의 내부가 되겠군요. 그렇다면 원의 내부에서는 모두 작업이 가능할까요?

"㉮에 가까운 곳은 바깥쪽 팔을 접더라도 닿지 않을 것 같습니다."

그렇습니다. 두 팔의 길이는 40cm 차이가 납니다. 바깥쪽 팔을 접더라도 ㉮로부터 40cm 범위 이내에는 나사를 박는 작업을 할 수 없습니다. 자, 이제 로봇 팔이 작업할 수 있는 영역을 그림으로 나타낼 수 있습니다.

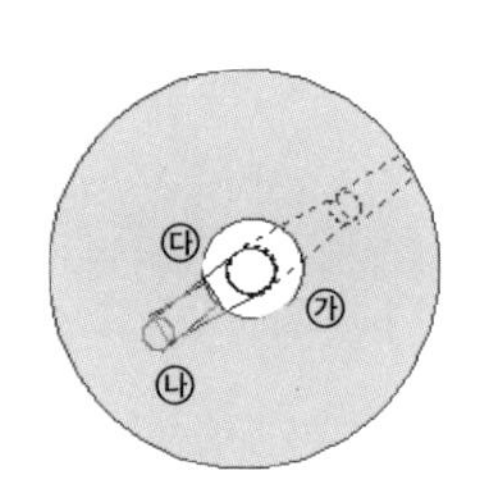

그림과 같이 바깥쪽 원은 반지름이 1m 60cm인 원이고, 안쪽 원은 반지름이 40cm인 원으로 되어 있습니다. 로봇 팔이 작업할 수 있는 영역은 두 원 사이의 영역입니다. 그러니까 도넛 모양이지요.

이와 같이 한 점을 중심으로 일정한 거리 이내의 영역은 원이나 부채꼴로 만들어집니다.

그럼 주어진 영역을 반으로 줄이고자 한다면 어떻게 해야 할까요?

가령 다음과 같은 원이 있습니다. 이 원에서 넓이가 $\frac{1}{2}$로 줄어든 원을 그려 보려고 합니다. 어떻게 그려 주면 될까요?

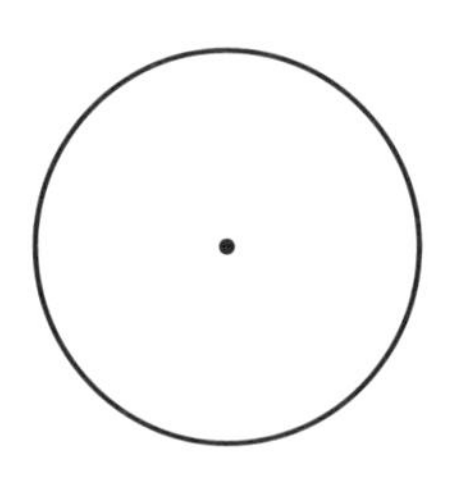

"반지름을 $\frac{1}{2}$로 줄여서 그려 줍니다."

언뜻 생각하면 그렇지요? 하지만 아닙니다. 반지름을 $\frac{1}{2}$로 줄였을 때, 어떤 모양이 되는지 그림으로 비교해 보겠습니다.

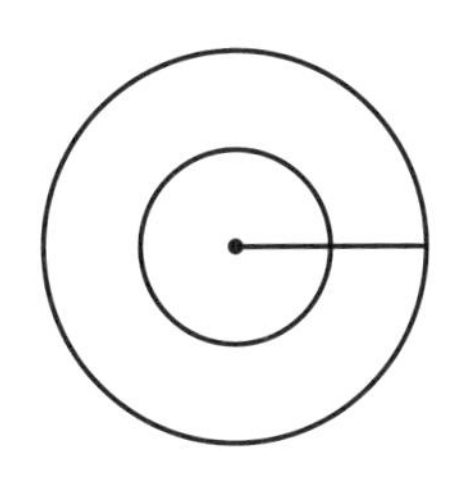

어떻습니까?

"아, 반지름이 $\frac{1}{2}$로 줄어드니 넓이는 $\frac{1}{4}$로 줄어드는군요."

그렇습니다. 다른 도형과 비교해 보면 더 이해하기가 쉽습니다.

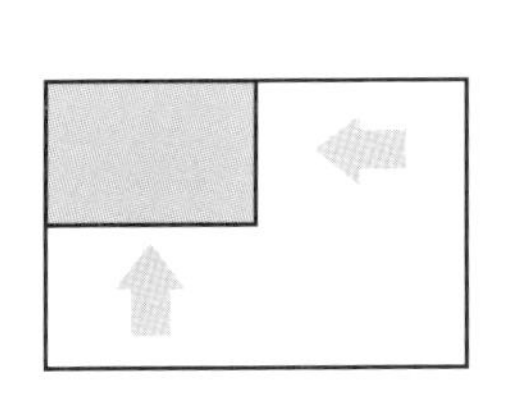
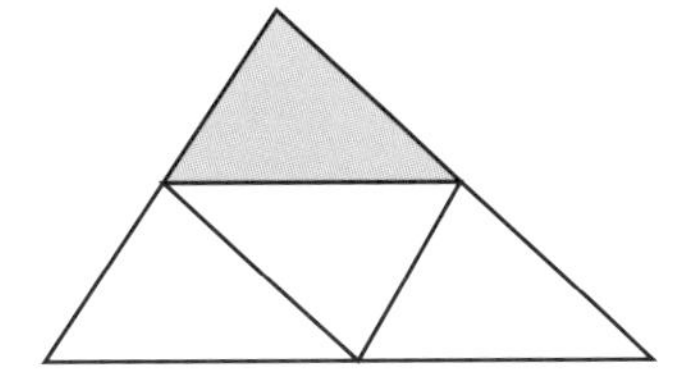

직사각형의 가로, 세로가 모두 $\frac{1}{2}$로 줄어들거나, 삼각형 변의 길이가 모두 $\frac{1}{2}$로 줄어들면 넓이는 $\frac{1}{4}$로 줄어듭니다.

원도 마찬가지입니다. 반지름이 $\frac{1}{2}$로 줄어들면 넓이는 $\frac{1}{4}$로 줄어듭니다.

그렇다면 주어진 원에 대해 넓이가 $\frac{1}{2}$로 줄어든 원은 어떻게 그려야 할까요?

잠시 교실 안이 조용해졌습니다.

식으로 구하기는 쉬워도 그림은 쉽게 떠오르지가 않죠? 먼저 다음과 같이 원의 중심에서 수직으로 만나는 두 직선을 그려 줍니다.

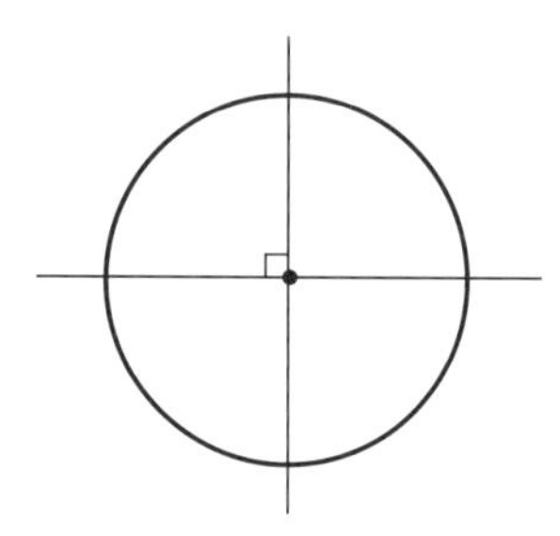

이어서 지름과 45°가 되도록 직선을 그려서 원과 만나는 점을 A라 하고, 점 A에서 두 지름에 수선을 내려 준 다음 그림과

같이 원을 그려 주면 됩니다.

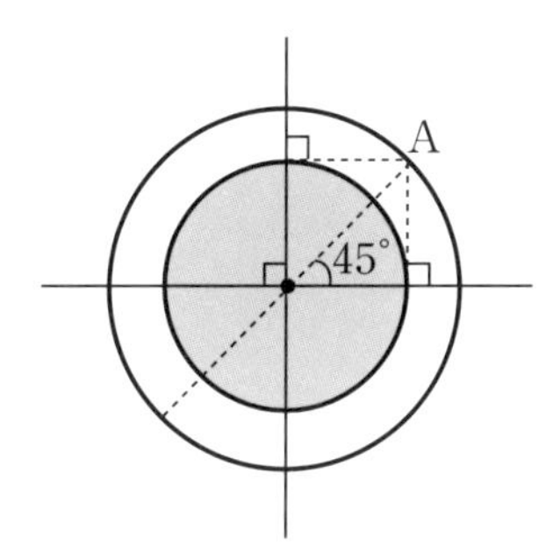

"선생님, 색칠된 원의 넓이가 바깥쪽 원의 $\frac{1}{2}$인가요?"

그렇습니다.

"생각보다 커 보이는데요. 넓이가 $\frac{1}{2}$인 이유를 설명해 주세요."

좋습니다. 물론 루트$\sqrt{\ }$를 이용해서 무리수와 식으로 증명할 수도 있지만 기하도형를 이용해서 설명하도록 하겠습니다.

여러분은 지난 시간에 원의 넓이란 반지름을 한 변으로 하는 정사각형을 약 3.14배π배한 것이라고 배웠습니다. 또한 반지름을 한 변으로 하는 정사각형을 4배한 정사각형 안에 쏙 들어가 접한다고 배웠습니다. 기억나지요?

"네."

그 사실을 이용해 보겠습니다.

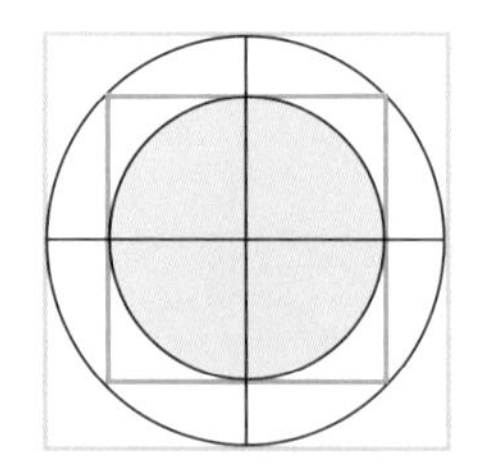

색칠된 원은 노란색 정사각형에 내접하고, 처음 주어진 원은 연보라색 정사각형에 내접합니다.

자, 이제 진보라색 정사각형을 45° 회전시켜 보겠습니다.

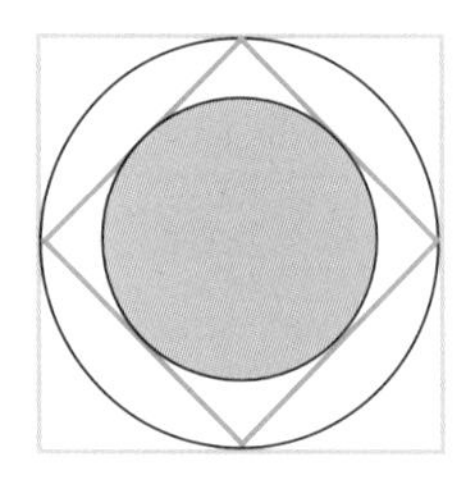

자, 어떻습니까? 노란색 정사각형의 넓이는 분홍색 정사각형과 비교하여 어떻게 되지요?

"노란색 정사각형의 넓이는 분홍색 정사각형의 $\frac{1}{2}$입니다."

맞았습니다. 결국 색칠된 원은 넓이가 $\frac{1}{2}$로 줄어든 정사각형에 내접합니다. 당연히 넓이가 $\frac{1}{2}$로 줄어들지요.

수업 정리

❶ 끈의 한쪽을 고정하고 다른 쪽을 움직이면 원의 내부를 나타내게 됩니다.

❷ 원의 반지름이 $\frac{1}{2}$로 작아진 원의 넓이는 처음 원 넓이의 $\frac{1}{4}$이 됩니다.

원의 넓이 나누기

원의 넓이를 3등분하는 재미있는 방법이 있습니다.

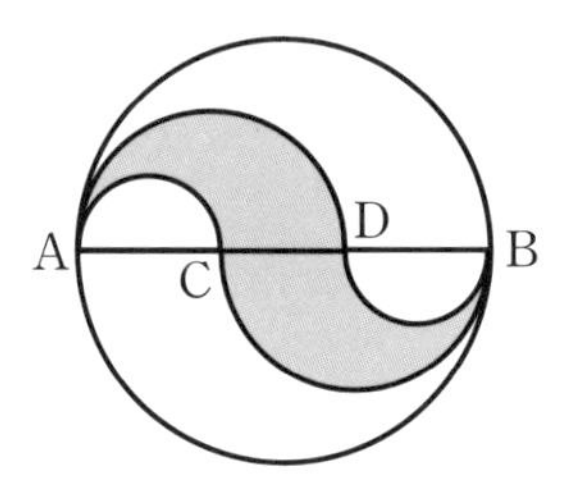

먼저 지름을 삼등분한 다음 지름의 양 끝점을 A, B로, 삼등분점을 C, D로 표시해 줍니다.

이어서 $\overline{AC}$를 지름으로 하는 반원과 $\overline{AD}$를 지름으로 하는 반원을 위쪽에 그려 줍니다.

아래에도 $\overline{DB}$를 지름으로 하는 반원과 $\overline{CB}$를 지름으로 하는 반원을 그려 줍니다. 이때, 색칠된 도형의 넓이는 원의 $\frac{1}{3}$이 됩니다. 물론 태극무늬의 나머지 두 부분도 각각 원의 $\frac{1}{3}$이 됩니다.

4교시

파이를 찾아서

파이에 대한 보다 정확한 값을 구하려는
노력은 계속해서 진행되었습니다.
고대 그리스의 수학자 아르키메데스가
파이의 값을 구하기 위해 사용했던 방법을 소개합니다.

수업 목표

1. 원주율의 근삿값을 구하는 다양한 방법을 알아봅니다.

미리 알면 좋아요

1. **원주율** π 3.141592……와 같이 소수점 아래로 어떠한 규칙도 없이 계속 숫자들이 나열되는 수입니다.

2. 원주율 π의 값을 알아내려는 노력은 수천 년 전부터 계속되어 왔는데 고대 바빌로니아에서는 3.125, 고대 이집트에서는 3.16을 사용하여 계산했습니다. 지금도 원주율은 3.14 또는 3.141592 정도의 근삿값으로 계산합니다.

조충지의 네 번째 수업

인류가 바퀴를 사용한 것은 그 역사가 무척이나 오래되었습니다. 바퀴는 물건을 옮기거나 이동을 할 때 아주 편리한 도구로, 인류 문명의 획기적인 발전을 이루게 하였습니다.

"바퀴는 누가 발명했나요?"

누가, 언제 발명했는지는 알 수 없답니다. 인간이 문자로 기록하기 이전부터 바퀴 또는 수레를 사용해 왔지요. 자연에서 둥근 돌이 잘 굴러가는 것을 쉽게 관찰할 수 있는 것처럼 인류가 자연으로부터 자연스레 배웠다고 보는 것이 맞을 겁니다.

언제라고 단언하기는 어렵지만 바퀴가 사용된 흔적을 나타내는 벽화로 미루어 보면 기원전 3500여 년 전부터 이미 인류는 바퀴를 사용했을 것으로 여겨진답니다.

원으로 된 바퀴를 사용하지 않았다면 여러 가지 불편한 점이 많았을 것입니다. 수레에 원 대신 팔각형을 바퀴로 사용한다면 어떨까요?

"조금만 움직여도 덜컹덜컹할 것입니다."

그렇습니다. 그 수레에 무거운 짐을 싣는다면 움직일 때마다 덜컹거리면서 수레에 충격을 가하게 될 것이고, 짐이 파손되거나 아니면 수레가 얼마 지나지 않아 부서질 것입니다.

이렇게 원 모양의 바퀴는 부드럽게 굴러가는 데 더없이 좋은 모양을 하고 있습니다. 그렇지만 그 안에는 사람들이 쉽게 찾아내기 어려운 비밀이 감추어져 있습니다.

문제를 한번 풀어 볼까요?

쏙쏙 문제 풀기

아래의 그림과 같은 수레가 있습니다. 수레의 바퀴가 한 바퀴 굴렀을 때, 얼마나 움직였을지 구하시오.

이 자연스러운 질문에 대한 정확한 답을 알아내는 것이 그렇게 쉬운 일은 아니었습니다. 아주 오랜 세월 동안 이 문제의 답은 자신의 모습을 모두 드러내지 않은 채 숨어 있었습니다.

"선생님 그게 파이 아닌가요?"

그렇습니다. 파이로 표현되지요.

3.1415926535……

로 진행되는데, 소수점 아래로 숫자들은 어떤 규칙도 없이 무한히 진행됩니다.

"정수는 소수점 아래 30번째 자리까지 외우고 다녀요."

"저도 20번째 자리까지는 외워요."

하하하, 그렇죠? 파이는 어떤 마법을 가지고 있어서 자기의 형태를 찾아보라고 사람들을 끌어당깁니다. 수천 년 동안 수학을 좋아하고 계산에 재능이 있던 많은 사람들이 소수점 아래의 숫자들을 찾아내어 파이의 모습에 더 가까이 다가가려고 자신의 열정과 능력을 쏟아부었습니다.

미라가 손을 들고 질문했습니다.

"선생님, 저희들은 파이를 배울 때, 처음에는 3.14라는 근삿값으로 배우는데요, 아주 옛날에도 3.14를 사용했나요?"

3.14와 비슷한 값이지만 3.14는 아니었습니다. 우선 아주 옛날에는 소수 표현이 없었으니 3.14라는 표현은 구경조차 할 수 없었지요. 아주 옛날 바빌로니아 사람들은 파이에 대한 근삿값으로 $3\frac{1}{8}$을 사용했는데 이 값은 3.125가 됩니다.

"고대 이집트에서는 파이를 어떻게 사용했나요?"

이집트에서는 $4\times\left(\frac{8}{9}\right)^2$을 파이로 사용했는데 이 값은 약 3.16 정도 됩니다.

파이의 값에 관심이 많은 정수가 질문을 했습니다.

"선생님도 아주 옛날에 파이의 계산을 하셨다고 들었어요."

그렇습니다. 나 역시 오랜 시간 동안 파이의 계산에 매달렸습니다. 그래서 소수점 아래 7번째 자리까지 정확히 구해 냈지요. 그것은 당시 그리스 수학이 이루어 낸 결과보다 더 정확한 값이었습니다.

"파이를 계산하려면 어떻게 해야 하나요?"

파이는 소수점 아래로 숫자들이 규칙도 없이 무한히 진행됩니다. 지금은 컴퓨터를 사용할 수 있으니 성능이 좋은 슈퍼컴퓨터를 이용한다면 소수점 아래 천만 번째 자리까지 구할 수 있다고 하더군요. 그렇다 하더라도 그게 파이의 전부는 아니랍니다. 그러니 파이를 계산한다는 것은 결국 파이 자체가 아니라 근삿값을 구한다고 하는 것이 맞는 말입니다. 나도 사실은 파이가 속하는 범위를 구했답니다. 내가 구한 범위는 다음과 같은 것이었습니다.

$$3.1415926 < \pi < 3.1415927$$

자, 그럼 이번에는 파이를 구하는 방법에 대해 알아보겠습니다.

여러분들에게 "유레카!"로 잘 알려진 고대 그리스의 수학자 아르키메데스는 다각형의 둘레를 이용하여 파이의 범위를 구했습니다.

가령, 아래의 그림과 같이 원에 외접하는 보라색 정육각형과 내접하는 회색 정육각형을 그렸습니다.

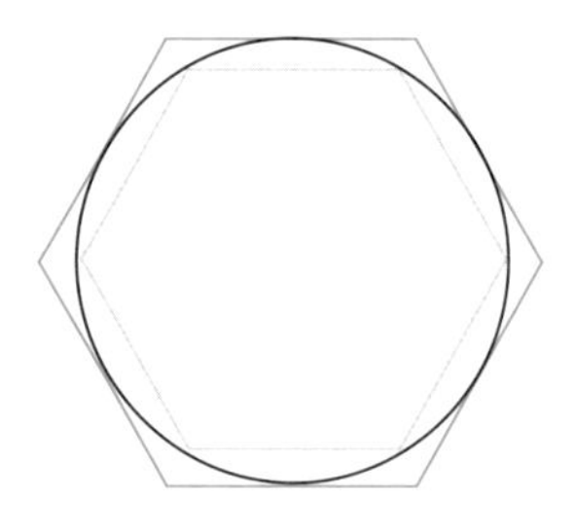

원의 둘레의 길이는 원에 내접하는 회색 정육각형의 둘레보다

는 길고, 원에 외접하는 보라색 정육각형의 둘레보다는 짧습니다.

이번에는 원에 내접하는 정12각형과 외접하는 정12각형을 그려 보겠습니다.

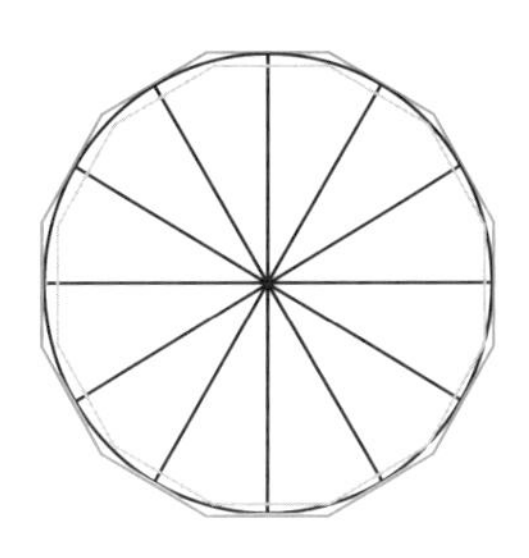

어떻습니까? 정육각형에 비해 정12각형은 원에 매우 가까워 보이지요?

정12각형의 경우에도 마찬가지로 다음이 성립합니다.

원에 내접하는 정12각형의 둘레 $< \pi <$ 원에 외접하는 정12각형의 둘레

정육각형을 사용할 때보다 정12각형을 사용할 때의 범위가 더 좁아지지요. 정24각형을 그리면 어떻게 될까요?

"원과 아주 비슷할 것 같은데요."

그렇습니다. 그런데 아르키메데스는 정24각형에서 변의 개

수를 2배로 늘린 정48각형, 여기에 다시 변의 개수를 2배로 늘린 정96각형을 사용했습니다.

정96각형이라는 말에 학생들의 탄성과 함께 질문이 쏟아져 나왔습니다.

"와, 정96각형이요? 거의 원처럼 보이지 않나요?"

"선생님, 정96각형 변의 길이를 구해야 하지 않나요? 그게 가능한가요?"

"정96각형 변의 길이를 구하려면 어떻게 해야 하나요?"

아르키메데스는 피타고라스의 정리와 삼각함수 형태의 공식, 그리고 제곱근에 대한 근삿값을 사용했답니다. 매우 복잡한 식이지요. 만약 당시 아르키메데스가 지금 사용하는 소수의 계산이나 여러분이 앞으로 배우게 될 삼각함수를 사용할 수 있었다면 아마도 더 정확한 계산을 해낼 수 있었을 것입니다.

"아르키메데스는 어느 정도 정확하게 파이의 값을 구했나요?"

아르키메데스가 구한 파이의 범위는 다음과 같습니다.

$$3\frac{10}{71} < \pi < 3\frac{1}{7}$$

이 부등식을 소수를 이용하여 나타내면 다음과 같지요.

$$3.140845\cdots\cdots < \pi < 3.142857\cdots\cdots$$

"그럼, 소수점 아래 2번째 자리까지만 정확한 것이잖아요. 그렇다면 조충지 선생님의 결과가 훨씬 더 정확하네요."

"와, 선생님 대단해요."

학생들의 감탄에 기분이 좋아진 듯 입가에 미소를 띤 조충지가 이야기를 이어 나갔습니다.

아르키메데스는 나보다 800여 년 이전의 과학자입니다. 당시에는 십진법을 사용하지도 않았고, 계산에 필요한 기호 등도 없었지요. 내가 살았던 중국에서는 이미 십진법을 사용하고 있었습니다. 어쨌든 나의 계산 결과는 이후 1000년 동안 유럽의 어느 곳에서도 더 정확한 결과가 나오지 않을 정도로 정확했습니다.

"1500년 전 중국의 계산 실력은 대단했군요."

그렇습니다. AD 300년경 중국의 수학자 유휘라는 사람도 파이를 계산했는데, 그는 정192각형을 사용하여 다음과 같은 파이의 범위를 구해 냈지요.

$$3.14024 < \pi < 3.142704$$

"정192각형이라고요?"

놀라는 학생을 향해 조충지는 미소를 한 번 보내고 이야기를 이어 나갔습니다.

유휘는 그후 정3072각형을 이용하여 파이 값을 3.14159까지 구해 냈습니다.

“정3072각형이요? 그렇다면 선생님은 정3072각형보다 더 큰 도형을 이용했나요?”

물론이지요. 그러나 변의 개수가 많은 도형을 사용하는 것은 계산만 복잡할 뿐 파이의 보다 정확한 값을 구하는 유일한 방법은 아니랍니다. 다각형을 이용하는 것은 매우 많은 계산을 해야 하는 방법이지요.

파이를 구하기 위해 다각형을 사용했던 아르키메데스의 방법은 그 이후 2000여 년이 지나도록 계속 사용되었습니다. 그러다가 17세기가 되어서 파이를 구하는 새롭고 편리한 방법이 등장하였습니다.

17세기 영국의 수학자 그레고리는 파이가 다음과 같이 나타난다는 것을 알아냈습니다.

$$\pi = \frac{1}{4} \times \left(1 - \frac{1}{3} + \frac{1}{5} - \frac{1}{7} + \cdots\cdots\right)$$

“선생님, 식의 뒷부분에 있는 ‘……’ 는 무슨 뜻인가요?”

$1, \frac{1}{3}, \frac{1}{5}, \frac{1}{7}$과 같이 분모가 홀수이고, 분자가 1인 분수가 규칙적으로 무한히 진행된다는 것을 의미한답니다.

"그렇다면 더하고 빼는 과정을 무한히 해야 한다는 것인데 이게 가능한가요?"

무한히 더하고 빼는 과정을 진행한다는 것은 불가능하지요.

$\frac{1}{4}\times\left(1-\frac{1}{3}+\frac{1}{5}-\frac{1}{7}\right)$보다는 $\frac{1}{4}\times\left(1-\frac{1}{3}+\frac{1}{5}-\frac{1}{7}+\frac{1}{9}-\frac{1}{11}\right)$이 더 정확하고, $\frac{1}{4}\times\left(1-\frac{1}{3}+\frac{1}{5}-\frac{1}{7}+\frac{1}{9}-\frac{1}{11}+\frac{1}{13}-\frac{1}{15}\right)$이 더 정확합니다.

그러니까 계산을 하면 할수록 파이의 값에 가까이 간다는 것을 의미합니다.

"와, 그럼 분수 계산만 할 수 있다면 누구나 파이를 구할 수 있겠네요."

그렇습니다. 누구나 할 수 있지요.

그런데 그레고리가 알아낸 파이에 관한 앞의 식에는 약점이 하나 있습니다. 300개의 분수 계산을 해도 소수점 아래 2번째 자리까지, 그러니까 3.14 정도만 정확하게 나온다는 것입니다.

"300개의 분수 계산을 해도 겨우 소수점 아래 2번째 자리까지만 정확하다고요?"

그렇습니다. 그래서 그레고리 이후 수학자들의 연구가 이어졌는데 영국의 수학자 뉴턴이 마침내 아주 새롭고 효과적인 방법을 찾아냈습니다.

$$\pi=6\times\left[\frac{1}{2}+\frac{1}{2\times3\times2^{3}}+\frac{1\times3}{2\times4\times5\times2^{5}}+\frac{1\times3\times5}{2\times4\times6\times7\times2^{7}}+\cdots\cdots\right]$$

조충지 선생님이 칠판에 뉴턴의 식을 적어 나가자 식을 본 학생들은 그 복잡함에 한마디씩 투덜댔습니다.

"그레고리 식보다 훨씬 복잡한데요."

"그걸 어떻게 계산해요?"

하하하, 매우 복잡하지요? 그렇지만 효과가 매우 좋은 식이랍니다.

계산기를 이용해서 이 식에 나오는 22번째 분수까지만 계산하면 파이 값의 소수점 아래 16번째 자리까지 정확한 값이 나온답니다.

"소수점 아래 16번째 자리까지 정확하다면 계산이 복잡해도 한번 도전해 볼 가치가 있을 것 같아요."

그렇습니다. 뉴턴은 라이프니츠라는 수학자와 함께 미적분을 발전시킨 수학자입니다. 미적분학이 나타난 이후 서양의 수학은 비약적으로 발전하게 됩니다. 그때부터 동양의 수학과 서양 수학의 차이가 눈에 띄게 두드러지게 되었지요.

수업 정리

❶ 원주율의 값이 속하는 아주 작은 범위는 원에 내접하는 다각형과 외접하는 다각형을 그려서 구합니다. 고대 그리스의 수학자 아르키메데스는 원에 내접하는 정96각형과 외접하는 정96각형 둘레의 길이를 구해서 원주율이 약 3.14임을 알아냈습니다.

❷ 17세기에 들어서면서 도형을 이용하지 않고 분수 계산을 이용하여 원주율을 구하는 방법이 그레고리, 뉴턴과 같은 수학자들에 의해 발견되었습니다. 특히 뉴턴의 방법은 비교적 적은 계산으로 매우 정확한 원주율의 값을 구할 수 있습니다.

이집트의 원주율

3000년 전 세계에서 가장 문명이 발전했던 이집트에서는 파피루스라는 갈대를 잘라 말린 것에 적어서 많은 기록을 남겼습니다. 가장 유명한 것이 아메스의 파피루스인데 기원전 1700여 년 전에 아메스라는 사람이 쓴 것으로, 여기에는 여러 가지 수학 문제가 적혀 있습니다. 그중에는 다음과 같은 기록이 있습니다.

"지름이 9인 원 모양 밭의 넓이는 한 변의 길이가 8인 정사각형의 넓이와 같다."

이 기록을 토대로 당시 이집트 사람들이 원주율 π를 무엇으로 사용했는지 알 수 있습니다.

지름이 9인 원의 넓이$=\frac{9}{2}\times\frac{9}{2}\times\pi$

한 변의 길이가 8인 정사각형의 넓이$=64$

따라서 $\frac{81}{4}\times\pi=64$이므로

$\pi=\frac{64\times4}{81}$ 약 3.16입니다.

5교시

원이 굴러갈 때

바퀴가 굴러갈 때, 움직인 거리와 원주의 길이
사이에 나타나는 차이를 배웁니다.
원이 굴러갈 때, 원 위의 한 점이 움직이는 점을
연결하여 만든 사이클로이드 곡선을 소개합니다.

수업 목표

1. 바퀴가 굴러갈 때, 그려지는 곡선의 모양을 알아봅니다.
2. 원 위를 굴러가는 원의 회전수를 구해 봅니다.

미리 알면 좋아요

1. 책상 위를 굴러가는 동전은 한 바퀴를 돌면 동전 둘레의 길이만큼 움직입니다. 그렇지만 동전 위를 굴러갈 때, 한 바퀴를 돌면 동전의 둘레만큼 움직일 수 없습니다.

2. 사이클로이드 원이 굴러갈 때, 움직이는 점을 연결하여 만든 곡선을 사이클로이드라고 부릅니다.

조충지의 다섯 번째 수업

오늘은 동전 두 개로 하는 간단한 실험으로 수업을 시작하겠습니다.

여기에 100원짜리 동전 두 개가 있습니다.

두 개 중에 동전 ㉮를 고정시키고, 다른 하나의 동전 ㉯를 고정된 동전 ㉮에 붙여서 돌립니다.

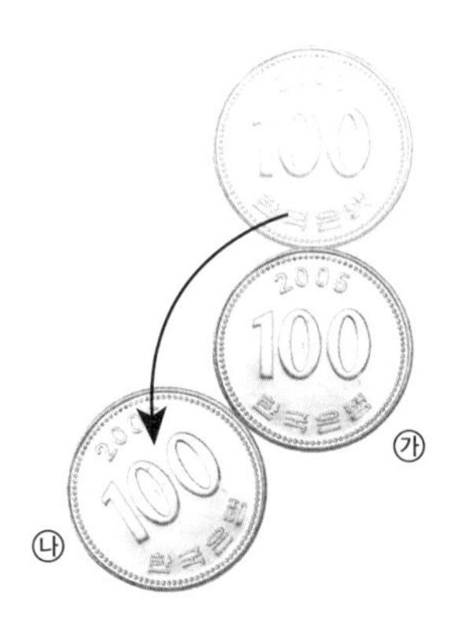

이렇게 해서 동전 ㉮의 주위를 한 바퀴를 돌아 처음 출발했던 곳에 왔습니다. 그렇다면 동전 ㉯는 몇 번이나 회전하게 될까요?

"선생님, 두 동전의 지름은 같지요?"

물론입니다.

"그럼 원주의 길이가 같으니 동전 ㉮의 주위를 한 바퀴 돌았다면 동전 ㉯도 당연히 한 바퀴 돌았겠지요."

조충지는 예상했던 답이라는 듯 웃으며 학생들에게 말했습니다.

과연 여러분들의 예상이 맞는지 직접 실험을 해 봅시다. 주머니에 100원짜리 동전이 있다면 꺼내서 실험을 해 보세요. 동전이 없는 친구들은 주위의 친구들이 하는 실험을 함께 해 보고, 나에게도 몇 개의 동전이 있으니 이것으로 실험을 해 보세요.

몇몇 학생들은 조충지에게 동전을 받아 실험을 하였습니다. 실험을 해 본 학생들은 자신의 예상이 잘못되었음에 놀라워했습니다.

"이런, 한 바퀴가 아니네. 아래쪽에 왔을 때 이미 한 바퀴가 되어 버려."

"두 바퀴 같은데?"

"선생님, 한 바퀴가 아니라 두 바퀴입니다. 왜 이런 현상이 벌어진 거죠?"

한 바퀴 회전하는 것이 너무나 당연하다고 생각했던 학생들은 예상과 달리 두 바퀴 회전한다는 사실에 그 이유가 궁금해져 조충지의 입으로 시선을 모았습니다.

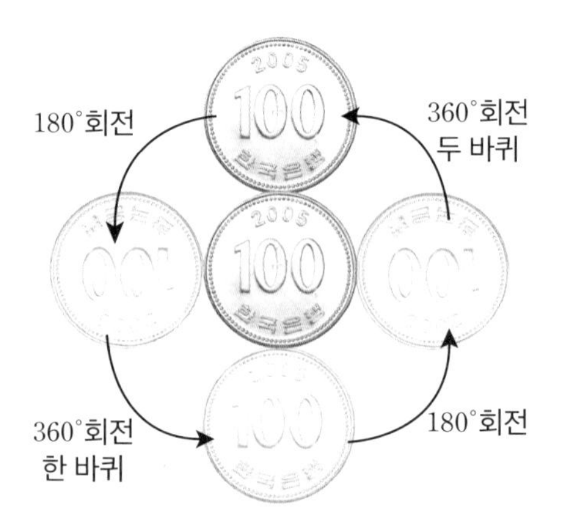

한 바퀴가 아니라 두 바퀴 회전하는 이유가 무척 궁금한가 보군요. 여러분들의 궁금증을 해결하기 위해서 우리는 2400년 전의 그리스 철학자 아리스토텔레스가 제기한 한 가지 역설에서부터 답을 찾아가 보도록 하겠습니다.

다음과 같이 크고 작은 두 개의 원이 있습니다. 계산을 편리하게 하기 위해 큰 원의 반지름은 2이고, 작은 원의 반지름은 1이라고 가정하겠습니다.

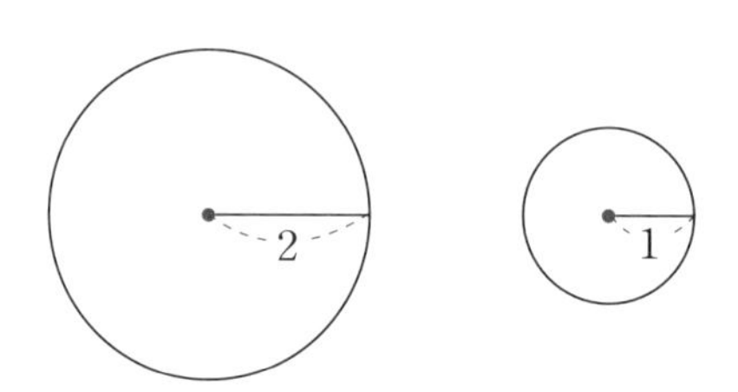

두 원의 중심이 일치하도록 붙인 다음 한 바퀴를 굴려 보겠습니다.

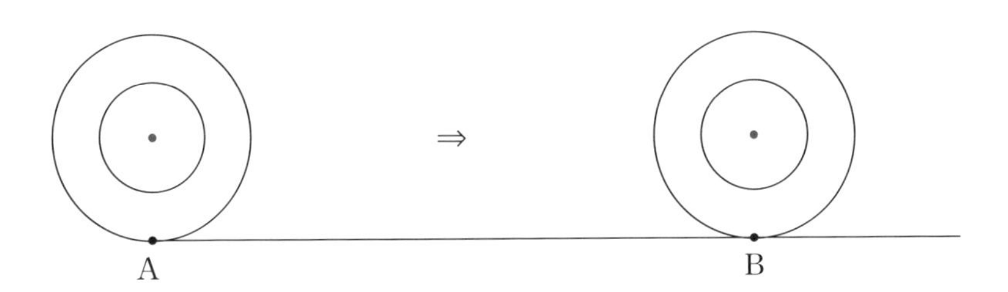

원이 한 바퀴를 회전하며 굴러갔을 때, 선분 AB의 길이는 얼마입니까?

"원이 한 바퀴 회전하였다면 원주의 길이와 같습니다. 그러니까 4π가 됩니다."

맞았습니다. 선분 AB의 길이는 큰 원 원주의 길이인 4π와 같습니다.

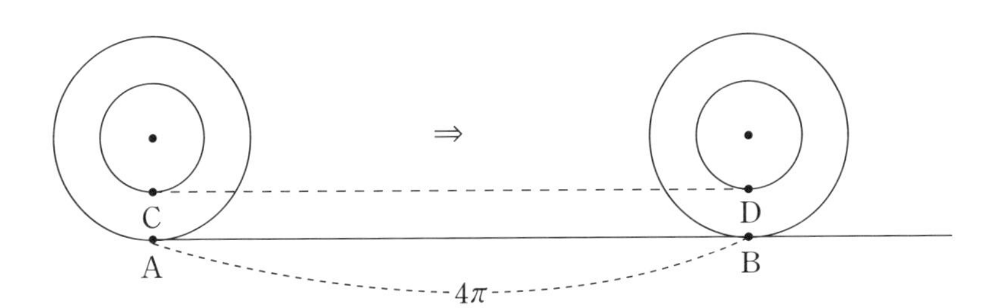

그런데 큰 원과 작은 원은 붙어서 굴러갔습니다. 그러니까 두 원은 모두 한 바퀴 회전한 것이 되지요. 당연히 선분 CD의 길이 역시 4π가 됩니다. 작은 원의 한 점 C가 한 바퀴 굴러 D로 갔고, 그 길이가 4π이므로 작은 원의 원주도 4π가 됩니다. 따라서 큰 원과 작은 원의 원주의 길이는 4π로 같습니다.

"예?"

"뭐라고요?"

"말도 안 돼요. 뭔가 잘못되었어요."

학생들의 반응에 아랑곳하지 않고 조충지의 이야기가 다시 이어졌습니다.

이런 논리에 따르면 '모든 원의 원주의 길이는 같다'라는 결론에 도달하게 되지요.

"이런, 뭐가 잘못된 거죠?"

이어지는 조충지의 결론에 동의할 수 없다는 듯 학생들의 질문이 계속되었습니다.

여러분이 동의하지 못하는 것이 당연합니다. 반지름이 다른 원의 원주의 길이가 같을 수는 없지요. 우리는 아리스토텔레스의 역설에서 무엇이 잘못되었는지를 찾아 동전의 회전 문제를 해결하려고 합니다.

잠시 골치 아픈 수학 이야기에서 벗어나 우리의 생활 이야기로 가 보겠습니다.

자, 화창한 일요일에 나는 자전거를 타고 직선거리로 100m를 달렸습니다.

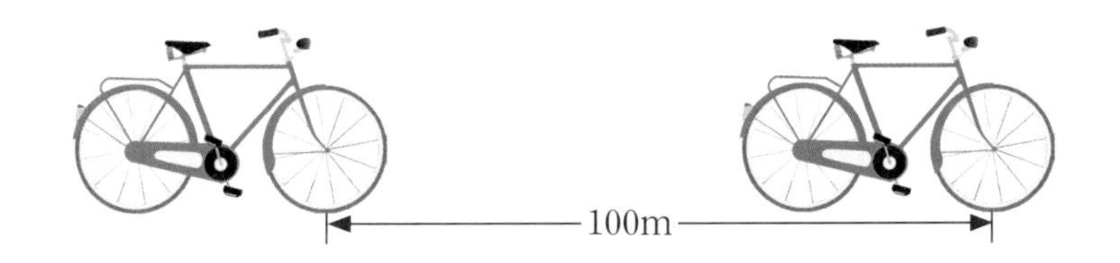

100m를 달렸다는 것은 처음의 위치에서 100m 떨어진 곳으로 이동했다는 것을 의미합니다.

또한 100m를 이동했다는 것은 나도 100m를 움직였고, 자전거도 100m를 움직였음을 의미합니다. 자전거의 앞바퀴도 100m 움직였고, 자전거의 핸들과 페달 모두 처음의 위치에서 100m 움직인 곳에 있게 됩니다.

이제 굴러가는 바퀴의 입장에서 살펴보도록 하겠습니다. 바퀴의 중심은 점 ㄱ으로, 타이어 위 임의의 한 점은 ㄷ으로, 바퀴의 중심 ㄱ과 타이어 위의 점 ㄷ을 잇는 선분 ㄱㄷ의 중점은 ㄴ으로 나타내겠습니다.

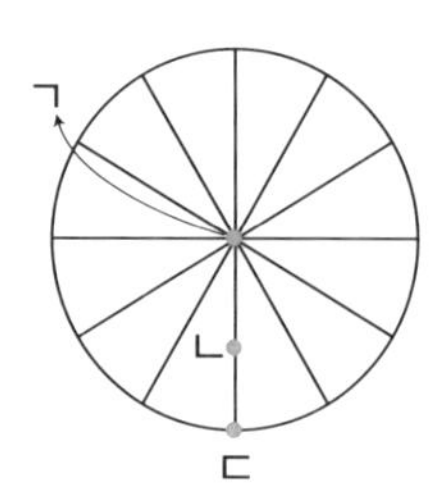

자전거가 100m를 갔다고 할 때, 세 점 ㄱ, ㄴ, ㄷ은 모두 100m씩 움직였을까요?

“네, 당연하죠.”

"왠지 아닐 것 같아요."

학생들의 답을 듣고 있던 조충지가 이야기를 시작했습니다.

바퀴의 중심 ㄱ의 경우에는 100m를 움직인 것이 맞습니다. 점 ㄱ은 직선을 따라 움직이니까요.

그렇지만 ㄴ과 ㄷ의 경우는 다릅니다. ㄴ과 ㄷ은 바퀴가 굴러감에 따라 위 아래로 움직이며 가게 됩니다. 아래와 같이 자전거의 바퀴가 한 바퀴 돌아갔을 때, 점의 움직임을 그려 보겠습니다.

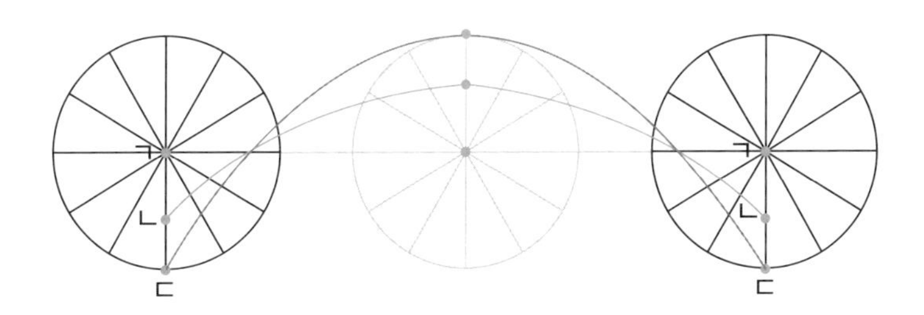

점 ㄴ은 바퀴가 반 바퀴 돌아갔을 때, 중심보다 위쪽으로 올라갔다가 다시 반 바퀴를 구르면 원래의 위치인 아래로 내려옵니다. 점 ㄴ이 움직인 곳을 연결하면 그림에서 보라색 곡선으로 그려집니다. 점 ㄷ은 회색 곡선을 따라 움직입니다. 점 ㄷ은 바퀴의 가장 아래쪽에서 가장 위쪽으로 올라갔다가 다시 내려옵니다.

자, 그럼 세 점 ㄱ, ㄴ, ㄷ 중에 어느 점이 가장 많이 움직였을까요?

학생들은 이구동성으로 대답했습니다.

"당연히 ㄷ입니다."

자전거가 100m를 움직였을 때 실제로 100m를 움직인 것은 바퀴의 중심인 ㄱ입니다. 바퀴의 나머지 점들은 100m보다 더 많이 움직이지요.

바퀴가 100m를 굴러 움직였다는 것은 바퀴의 중심인 ㄱ을 기준으로 하는 말입니다.

자, 이제 아리스토텔레스의 역설로 돌아가 볼까요?

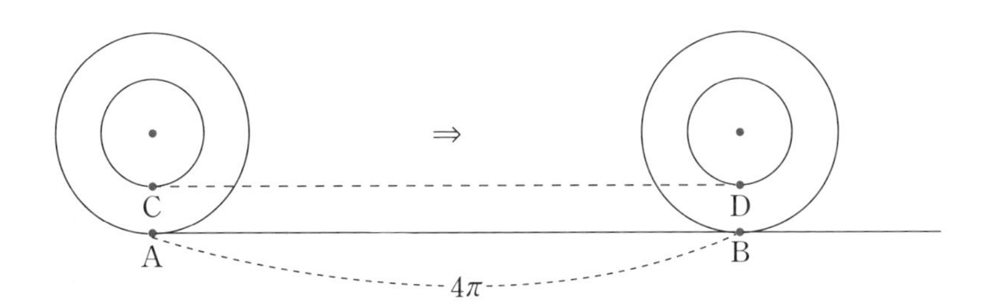

큰 원과 작은 원이 모두 한 바퀴씩 움직였을 때, 두 원의 중심은 각각 4π만큼씩 움직였습니다. 그렇지만 점 A와 C가 움직인 거리는 다릅니다. 점 A가 점 C보다 더 많이 움직였지요.

이와 같이 원이 굴러갈 때, 점이 움직이는 점을 연결하여 만든 곡선을 사이클로이드라고 부릅니다.

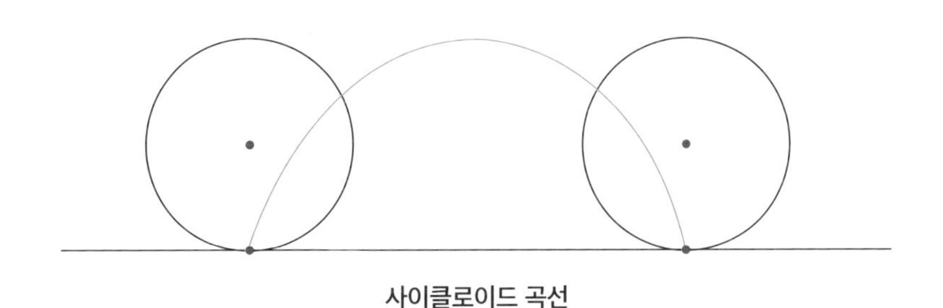

사이클로이드 곡선

자전거를 타고 갈 때, 바퀴의 한 점은 사이클로이드 곡선을 그리면서 움직인답니다.

자, 그럼 우리의 처음 문제였던 동전의 회전 문제로 돌아가 보겠습니다.

동전의 반지름을 R이라고 하면 동전의 원주 길이는 $2 \times R \times \pi$가 됩니다.

만약 동전이 굴러간 거리가 $2 \times R \times \pi$였다면 동전은 한 번 회전한 것이 됩니다.

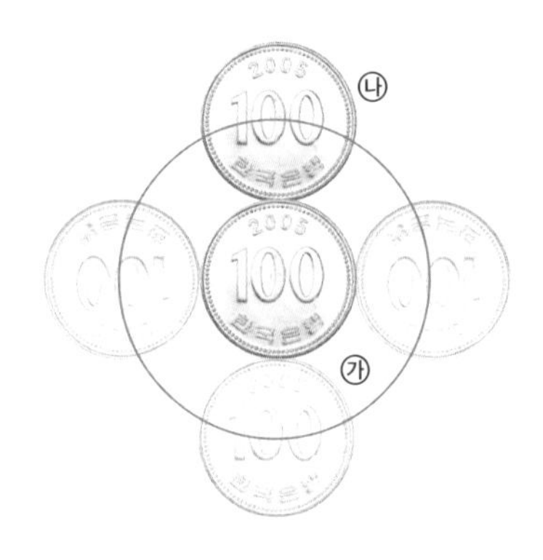

그럼 동전 ㉯가 동전 ㉮를 따라 굴러갈 때, 움직인 거리를 구해 보는 것이 필요하겠군요. 동전이 움직인 거리는 동전 내부의 각 점에 따라 모두 다르기 때문에 자전거의 바퀴에서 구했던 것처럼 동전의 중심을 기준으로 구해야 합니다. 그림에서와 같이 보라색으로 그린 원의 길이만큼 움직인 것이 됩니다. 보라색 원의 반지름은 얼마입니까?

"동전을 2개 붙였으니까 반지름을 더한 $2 \times R$이 됩니다."

그렇습니다. 반지름이 $2 \times R$인 원의 원주 길이는 $4 \times R \times \pi$가 됩니다. 따라서 동전 ㉯는 $4 \times R \times \pi$만큼 움직였다는 것을 알 수 있습니다. $4 \times R \times \pi$를 분석해 봅시다.

$$4 \times R \times \pi = 2 \times R \times \pi_{\text{한 바퀴 굴러간 거리}} + 2 \times R \times \pi_{\text{한 바퀴 굴러간 거리}}$$

따라서 모두 두 바퀴를 돌아야 원래의 위치로 올 수 있음을 알 수 있습니다.

"아하, 그렇군요. 그럼 동전의 크기가 다른 경우에도 몇 바퀴 돌았는지 구할 수 있겠네요."

물론입니다. 이번에는 10원짜리 동전이 100원짜리 동전의 주위를 굴러가는 경우에는 어떻게 되는지 살펴보겠습니다. 계산을 편리하게 하기 위해 동전의 반지름을 간단하게 정하겠습니다.

10원짜리 동전의 반지름은 1, 100원짜리 동전의 반지름은 2라고 합시다. 이제 100원짜리 동전 주위로 10원짜리 동전이 한 바퀴 돈다면 10원짜리 동전은 몇 바퀴를 구르게 될까요?

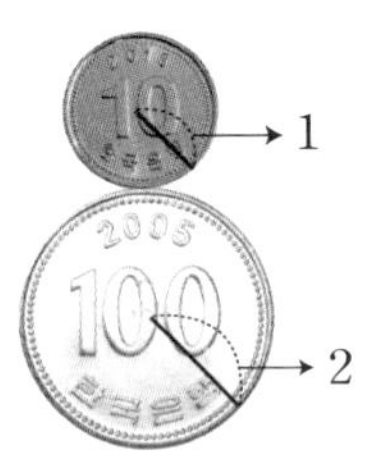

조충지의 질문이 끝나기 무섭게 학생들이 연필을 바쁘게 움직였습니다.

잠시 후 미라가 계산을 마치고 손을 번쩍 들었습니다. 조충지는 나와서 풀어 보라고 했습니다. 미라는 칠판에 다음과 같이 적었습니다.

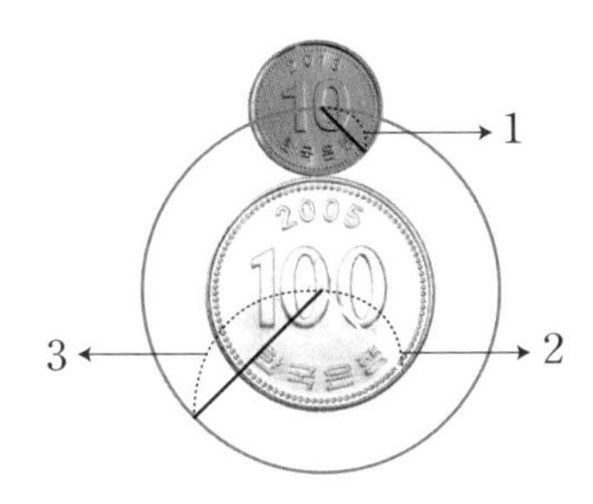

10원짜리 동전이 움직인 거리＝반지름이 3인 원의 원주 길이

＝6π

10원짜리 동전의 원주 길이＝2π

$\therefore$ 10원짜리 동전은 세 바퀴 회전한다.

10원짜리 동전이 굴러 움직인 경우이므로 동전의 중심을 기준으로 아주 잘 구했습니다.

수업 정리

❶ 반지름이 R인 동전을 따라 굴러가는 또 하나의 동전반지름이 R은 두 바퀴를 굴러야 동전의 주위를 한 번 돌 수 있습니다.

❷ 자전거가 움직일 때, 바퀴의 한 점의 위치를 연결하면 곡선이 나오는데 이 곡선을 사이클로이드 곡선이라고 부릅니다.

프랑스의 천재 수학자 파스칼

매우 병약했던 파스칼Blaise Pascal, 1623~1662은 수학 연구를 중단하고 요양소에서 치통으로 고생하다 사이클로이드에 대한 연구를 시작하였는데, 연구에 몰두한 나머지 치통을 잊을 수 있었다고 합니다. 이것을 신의 뜻으로 안 파스칼은 사이클로이드에 관한 일반 이론을 완성하였습니다.

6교시

가장 경제적인 도형, 원

둘레가 같을 때, 넓이가 가장 큰 도형은 원입니다.
넓이가 최대가 되는 다각형은 정다각형이라는
사실을 배우면서 원이 넓이가 최대가 됨을
자연스럽게 설명할 수 있습니다.

수업 목표

1. 같은 둘레를 가진 도형 중에 넓이가 가장 큰 도형은 원임을 이해합니다.
2. 다각형 중에 넓이가 가장 큰 도형은 정다각형임을 이해합니다.

미리 알면 좋아요

1. 주어진 끈으로 다각형을 만들 때, 정다각형으로 만들어 주면 넓이가 가장 큽니다.

2. 주어진 끈으로 정다각형을 만들 때, 정삼각형보다는 정사각형의 넓이가 더 크고, 정사각형보다는 정오각형이, 정오각형보다는 정육각형의 넓이가 더 큽니다. 변의 개수가 많은 정다각형으로 만들어 줄수록 넓이는 더 커집니다.

3. 주어진 끈으로 만들 수 있는 도형 중에 넓이가 가장 큰 도형은 원입니다.

조충지의 여섯 번째 수업

오늘은 그리스 신화에 나오는 이야기의 한 토막으로 수업을 시작하도록 하겠습니다.

"와, 재미있겠다."

여러분 혹시 '카르타고'라는 나라를 들어 본 적이 있나요? 카르타고는 고대 그리스와 로마가 번창하던 시기에 아프리카 북부 해안에 있었던 고대 도시 국가였습니다. 그러다가 당시 세계 최강이었던 로마에 의해 멸망해 지금은 없어진 나라이지요.

아프리카 하면 질병과 기아로 살기가 어려운 나라가 많다는 이미지가 떠오르지만 2000년 전에는 그렇지 않았습니다. 세계에서 가장 발전한 나라였던 이집트가 있었고, 카르타고 역시 엄청난 국력을 가진 나라로, 이 나라의 장군이었던 한니발은 군대를 이끌고 알프스를 넘어 로마로 쳐들어가 로마를 공포로 몰아넣었습니다.

그리스 신화에 따르면 카르타고라는 나라를 세운 사람은 디도라는 여왕이었다고 합니다. 디도는 튀로스라는 나라의 공주였는데 왕위 계승의 소용돌이에서 남편이 죽고, 도망가는 신세가 되었습니다. 디도는 남편의 재산을 가지고 부하들과 함께 지금의 북아프리카 튀니지 해안으로 도망가 그곳에서 정착하기로 했습니다. 디도는 원주민들에게 돈을 주고 황소 한 마리의 가죽으로 둘러 쌀 수 있는 정도의 땅을 사기로 했습니다.

돈을 지불한 디도는 황소 가죽을 가늘고 길게 연결하여 최대한 넓은 땅을 둘러싸야만 했습니다. 자, 그럼 디도는 황소 가죽을 가지고 어떤 모양으로 땅을 둘러쌌을까요?

“원으로 둘러쌌을 것 같습니다.”

왜 그렇게 생각했지요?

"원으로 둘러싸면 넓이가 가장 커지기 때문입니다."

그렇습니다. 디도는 황소 가죽으로 만든 끈을 이용해 원 모양으로 땅을 둘러싼 뒤, 그 안에 성을 쌓고 카르타고를 건설했다고 전해집니다.

원은 둘레의 길이가 같을 때, 넓이가 가장 큰 도형이라는 성질을 가지고 있습니다.

지금부터 넓이를 가장 크게 하는 도형에는 어떤 특징이 있는지 살펴보도록 하겠습니다.

조충지는 1m 정도 되어 보이는 끈을 들어 보이며 말을 이어 나갔습니다.

여러분, 여기에 끈이 있습니다. 이 끈으로 삼각형을 만들려고 합니다. 삼각형에는 여러 가지가 있지요. 어떤 것이 있는지 한 번 말해 볼까요?

"정삼각형!"

"이등변삼각형이요."

"직각삼각형도 있어요."

네, 이름이 붙어 있는 대표적인 삼각형을 모두 잘 알고 있군요.

자 그럼, 이 끈으로 만들 수 있는 삼각형 중에 넓이가 가장 큰 삼각형은 어떤 삼각형일까요?

정수는 자신이 없는지 낮은 목소리로 답했습니다.

"정삼각형 아닐까요?"

그렇습니다. 정삼각형으로 만들면 됩니다. 그런데 목소리가 작은 것을 보니 정삼각형이 답이 되는 이유에 대해서는 설명할 자신이 없나 보군요.

"네, 정삼각형이 삼각형 중에 넓이가 가장 큰 것은 당연한 것 같은데 이유는 잘 모르겠습니다."

좋습니다. 이 끈으로 만들 수 있는 도형 중에 원의 넓이가 가장 크다는 이야기를 정삼각형에서부터 시작하도록 하겠습니다. 물론 수학적인 증명으로 해결할 수도 있으나 지루할 수도 있으니 끈을 이용하여 직접 만들어 보며 설명하도록 하겠습니다.

자, 끈의 양 끝을 이렇게 묶습니다.

다음으로, 고정된 양쪽 막대에 끈을 걸쳐 삼각형을 만들어 봅니다.

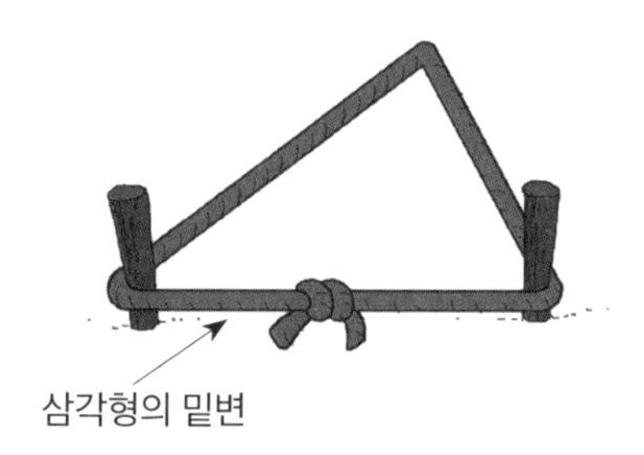

이렇게 되면 밑변의 길이가 고정됩니다. 이렇게 만들 수 있는

삼각형의 모양은 무수히 많습니다.

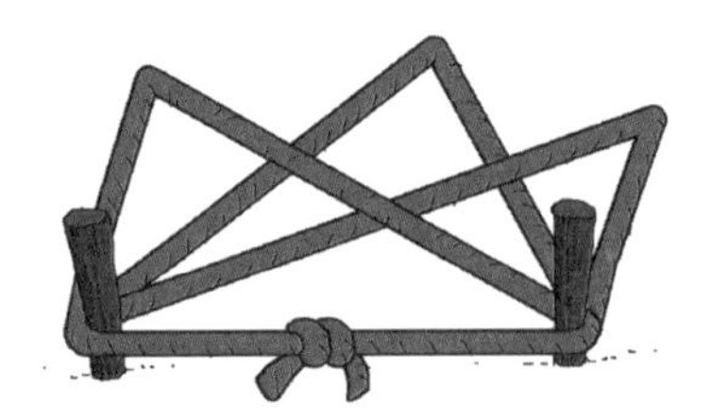

밑변이 고정되었으니 높이를 가장 높게 하면 넓이가 가장 큰 삼각형이 되겠지요?

자, 이렇게 두 막대에서 같은 거리에 있는 점으로 끈을 당겨 주면 삼각형의 높이가 가장 높아집니다.

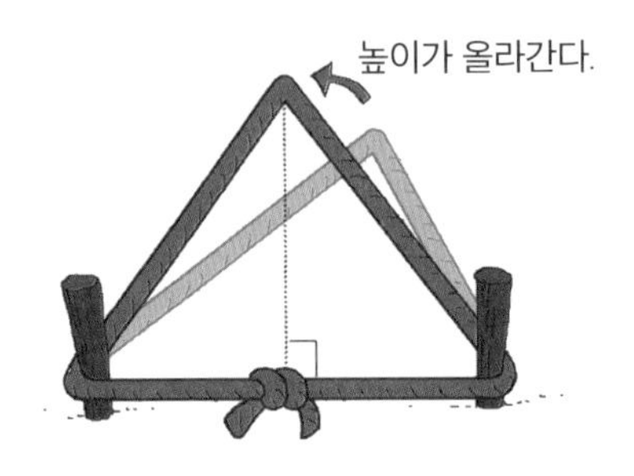

팽팽하게, 가장 멀리 당겨 준다면 두 막대에서의 거리가 같게 됩니다. 그럼 삼각형에서 이웃한 두 변의 길이가 같게 되지요. 이때 삼각형의 넓이가 가장 커집니다.

그렇다면 삼각형 중에서 어느 변을 밑변으로 보든지 이웃한 두 변의 길이가 같은 정삼각형의 넓이가 가장 크다는 결론을 얻게 됩니다.

조충지는 칠판에 결론을 적었습니다.

쏙쏙 이해하기

주어진 끈으로 만들 수 있는 삼각형 중에서 넓이가 가장 큰 삼각형은 **정삼각형**이다.

자, 이번에는 사각형의 경우로 넘어가 보겠습니다.

이 끈으로 만들 수 있는 사각형 중에서 넓이가 가장 큰 것은 무엇일까요?

"정사각형입니다."

"맞아요. 정사각형이에요."

그렇습니다. 정사각형의 넓이가 가장 큽니다. 왜 보통의 사각형보다 정사각형의 넓이가 더 큰지 설명할 수 있나요?

"변의 길이를 같게 할 때 넓이가 가장 커지니까요. 정사각형은 네 변의 길이가 모두 같으니까 당연히 넓이가 제일 크지요."

변의 길이가 같은 사각형은 모두 정사각형인가요?

"아니요. 정사각형도 물론 네 변의 길이가 같지만 네 변의 길이가 같은 사각형은 마름모라고 해야죠."

그렇습니다. 넓이가 가장 큰 사각형을 만들고자 한다면 다음의 두 가지를 설명해 주어야 합니다.

① 변의 길이를 같게 한다.

② 내각의 크기를 같게 한다.

자, 그럼 이 사각형을 보세요.

조충지는 칠판에 사각형을 그리고, 대각선을 하나 그려 사각형을 두 개의 삼각형으로 나눈 다음 ㉮와 ㉯로 표시하였습니다.

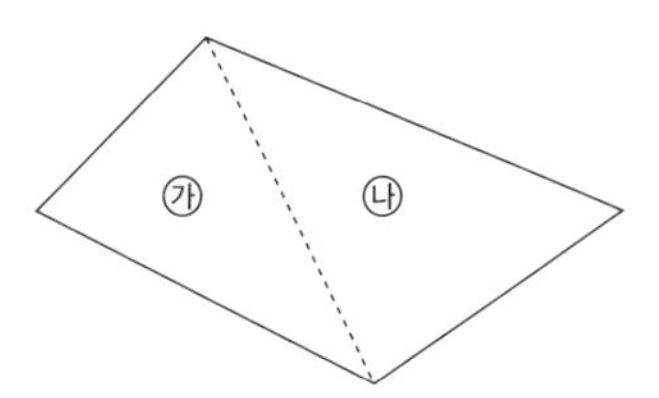

이 사각형의 넓이는 삼각형 ㉮의 넓이와 삼각형 ㉯의 넓이를 더한 것과 같습니다. 사각형을 두 개의 삼각형으로 나누어 분석하려는 것입니다. 이때 삼각형 ㉮를 이웃한 두변의 길이가 같은 이등변삼각형으로 만들어 주면 넓이가 더 커집니다.

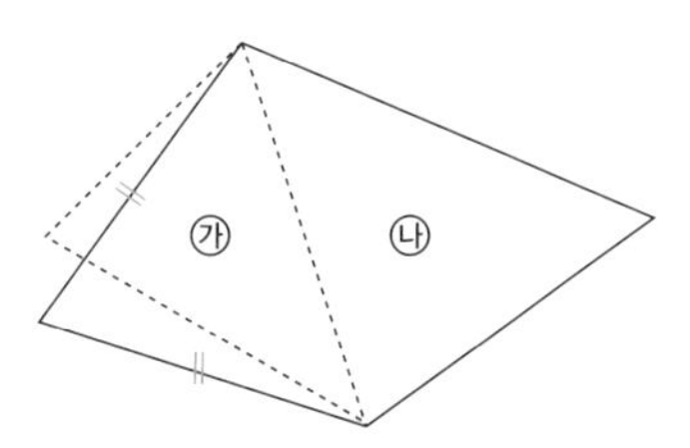

이웃한 변의 길이를 같게 하면 둘레는 변함이 없지만 넓이는 더 커진다.

삼각형 ㉯도 이등변삼각형으로 만들어 준 다음 대각선을 반대로 그립니다.

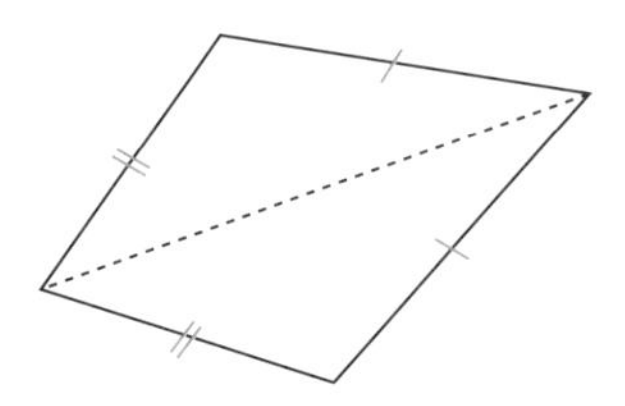

마찬가지로 이웃한 두 변의 길이를 또다시 같게 합니다. 그러면 어떤 도형이 만들어지나요?

"네 변의 길이가 같은 마름모가 됩니다."

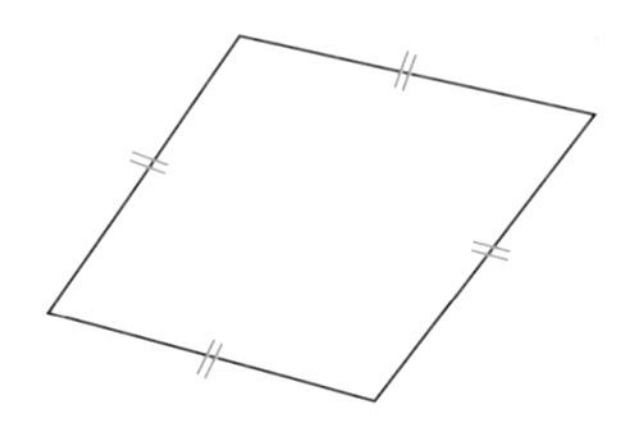

그렇습니다. 마름모가 됩니다. 사각형을 만들 때에는 변의 길이가 같은 마름모로 만들어 주면 넓이가 더 커집니다. 이 끈으로 만들 수 있는 마름모에는 여러 가지가 있습니다.

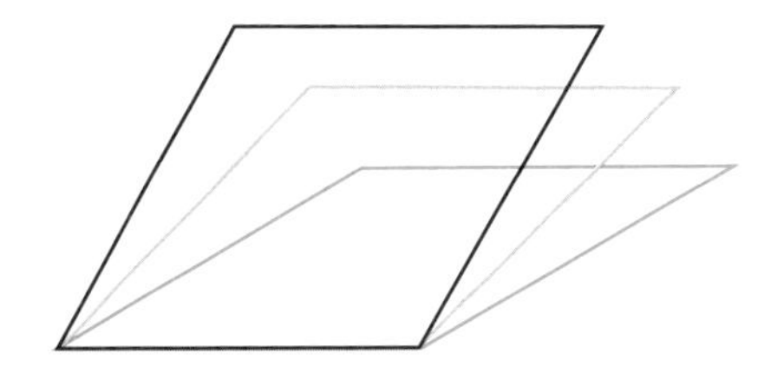

이와 같이 마름모는 정사각형이 똑바로 서지 못하고 옆으로 쓰러진 모양을 하고 있지요.

그렇다면 이 끈으로 만들 수 있는 마름모는 모두 몇 가지나 있을까요?

"무한히 많습니다."

그렇습니다. 무한히 많습니다. 무한히 많은 마름모 중에서 넓이가 가장 큰 것은 무엇일까요?

"정사각형입니다."

맞았습니다. 정사각형이 넓이가 가장 큰 마름모입니다. 구체적으로 얼마나 큰지 살펴보려면 다음 그림과 같이 그려 보면 쉽게 알 수 있습니다.

조충지는 변의 길이가 같은 정사각형과 마름모의 그림을 그렸습니다.

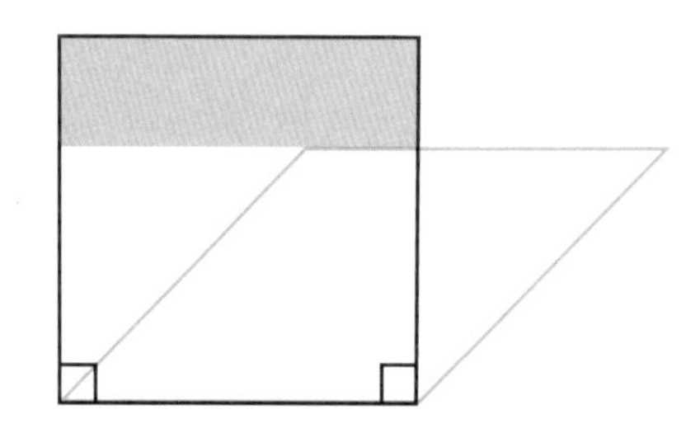

정사각형의 넓이는 보라색 마름모보다 회색으로 색칠한 부분만큼 더 큽니다.

"아, 그렇군요. 그림을 보면 마름모는 옆의 기둥이 비스듬히 쓰러져 있는 모양이고, 정사각형은 똑바로 세워져 있는 모양입니다. 그러니까 기둥이 똑바로 세워져 있을 때, 넓이가 가장 커진다고 설명할 수 있을 것 같습니다."

아주 좋은 설명입니다. 그럼 우리는 또 하나의 결론을 얻게 됩니다.

쏙쏙 이해하기

- 주어진 끈으로 만들 수 있는 삼각형 중에서 넓이가 가장 큰 삼각형은 **정삼각형**이다.
- 주어진 끈으로 만들 수 있는 사각형 중에서 넓이가 가장 큰 사각형은 **정사각형**이다.

그렇다면 오각형의 경우에는 어떻게 될까요?

"당연히 정오각형으로 만들어 줄 때의 넓이가 가장 커지는 것 아닌가요?"

그렇습니다. 변의 길이가 같고, 내각의 크기가 모두 같은 정오각형으로 만들어 줄 때 넓이가 가장 커집니다.

정오각형 이상의 경우에는 설명이 다소 복잡해질 뿐만 아니라, 우리의 주제는 정다각형이 아닌 원이므로 증명은 생략하고 정다각형에 관한 다음과 같은 결론을 받아들이는 것으로 하겠습니다.

쏙쏙 이해하기

주어진 끈으로 만들 수 있는 다각형 중에서 넓이가 가장 큰 다각형은 **정다각형**이다.

다음으로 생각해 볼 내용은 이 끈으로 정다각형을 만들 때, '다음 중 어느 도형의 넓이가 가장 큰가?' 하는 것입니다.

조충지는 칠판에 보기를 적었습니다.

① 정삼각형　② 정사각형　③ 정오각형　④ 정육각형

"②번 정사각형입니다."

"④번 정육각형입니다."

학생들의 답이 엇갈리자 조충지는 칠판에 정삼각형과 정사각형의 그림을 그렸습니다.

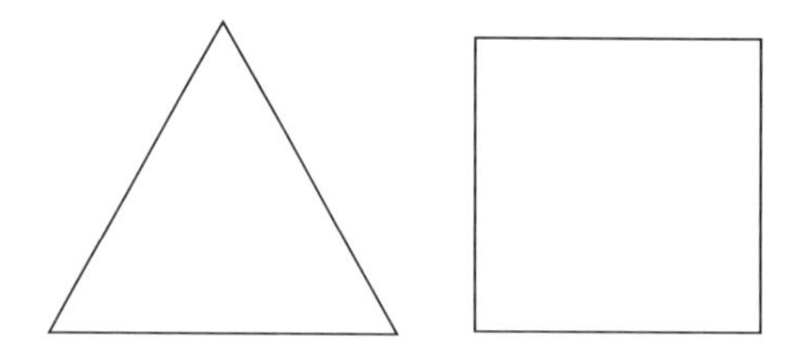

칠판에 그린 정삼각형과 정사각형의 둘레는 같습니다. 그런데 넓이는 어느 쪽이 더 커 보입니까?

"정사각형이요."

그렇습니다. 정사각형의 넓이가 더 큽니다. 이유는 이렇게 그려 보면 쉽게 알 수 있습니다.

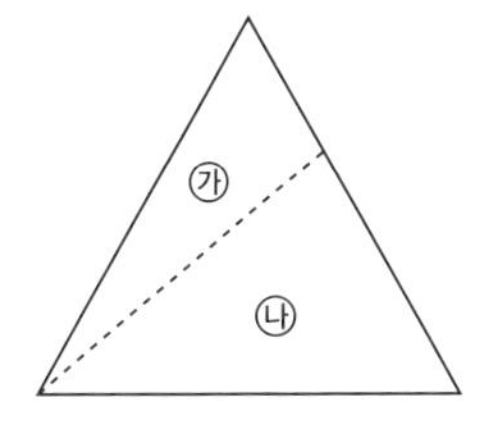

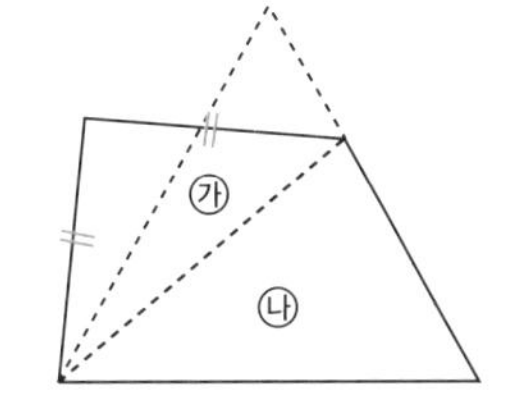

정삼각형을 ㉮와 ㉯로 나눈 다음, 삼각형 ㉮의 두 변의 길이를 같게 만들어 주면 둘레는 변함이 없지만 넓이는 정삼각형보다 더 커진 사각형으로 만들 수 있습니다.

정삼각형 < 사각형

그런데 사각형을 만들 때, 넓이가 가장 큰 것은 정사각형이므로

정삼각형 < 사각형 < 정사각형

이 됩니다. 따라서 둘레가 같을 때, 정삼각형보다는 정사각형의 넓이가 더 크다는 것을 알 수 있습니다.

"그럼 정사각형보다 정오각형의 넓이가 더 크다는 것은 어떻

게 설명하나요?"

하하하, 성격이 꽤나 급한 학생이군요. 그러지 않아도 다음은 정사각형과 정오각형을 비교하려고 합니다.

조충지는 정사각형을 그리고 선을 하나 그렸습니다.

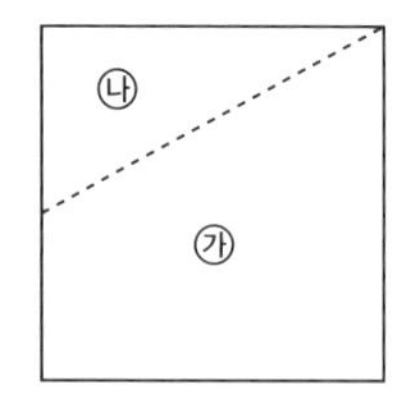

정사각형에 선을 하나 그려서 사각형 ㉮와 삼각형 ㉯로 나누었습니다. 그런데 삼각형 ㉯의 넓이는 더 크게 만들 수 있습니다. 바로 이웃하는 두 변의 길이를 같게 만들어 주면 되지요.

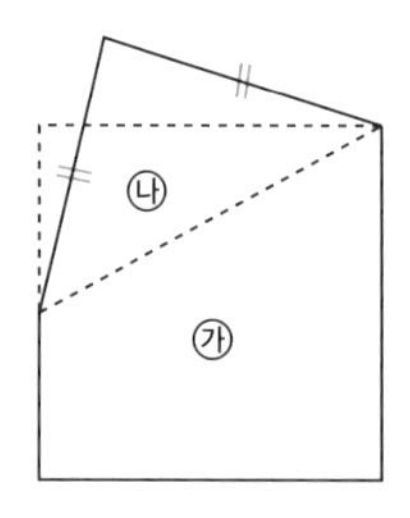

여기에서 ㉮와 새롭게 만들어진 ㉯를 합하면 오각형이 나옵니다. 이 오각형의 둘레는 원래의 정사각형과 같지만 넓이는 더 큽니다.

정사각형 < 오각형

그런데 오각형을 만들 때, 넓이가 가장 큰 것은 정오각형이므로

정사각형 < 오각형 < 정오각형

이 됩니다. 따라서 둘레가 같다면 정사각형보다는 정오각형으로 만드는 것이 넓이를 더욱 크게 만드는 방법이 됩니다.

“같은 방법으로 설명하면 정오각형보다는 정육각형의 넓이가, 정육각형보다는 정칠각형이나 정팔각형의 넓이가 더 커지게 되겠군요.”

그렇습니다. 둘레가 같을 때, 넓이를 비교하면 다음과 같습니다.

정삼각형 < 정사각형 < 정오각형 < …… < 정12각형 < ……

이렇게 변의 개수를 늘려 나가면 어떤 모양에 가까워지게 될까요?

"아, 원에 가까워지네요. 그러니까 원의 넓이가 가장 크다는 결론이 나겠군요."

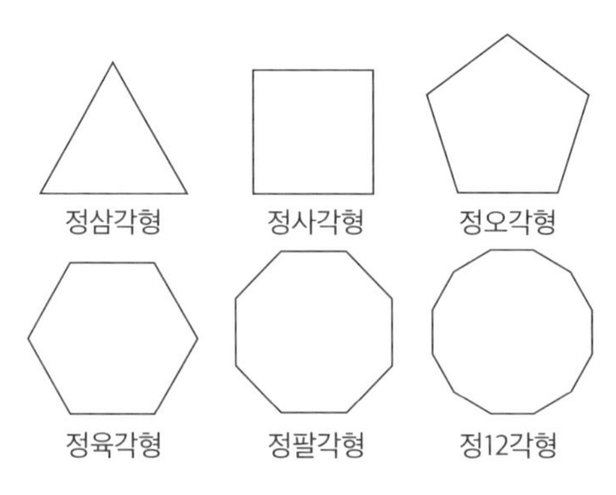

둘레가 같은 정다각형

그렇습니다. 이제 우리는 다음과 같은 결론을 내릴 수 있게 됩니다.

쏙쏙 이해하기

주어진 끈으로 만들 수 있는 도형 중에서 넓이가 가장 큰 도형은 원이다.

수업 정리

❶ 둘레의 길이가 같을 때, 넓이가 가장 큰 도형은 원입니다.

❷ 다각형을 그릴 때, 변의 길이를 같게 할수록 넓이가 커지고, 각의 크기를 같게 해 줄수록 넓이가 커집니다. 즉 정다각형으로 그려 줄 때, 넓이가 가장 커집니다.

❸ 둘레가 같을 때, 넓이를 비교하면,

정삼각형 < 정사각형 < 정오각형 < …… < 정12각형 < ……

이 되고 정다각형의 변의 개수가 많아질수록 원에 가까워집니다.

정삼각형과 정육각형의 넓이 비교하기

둘레의 길이가 같은 정삼각형과 정육각형의 넓이는 작은 정삼각형으로 잘라 주면 간단하게 비교할 수 있습니다.

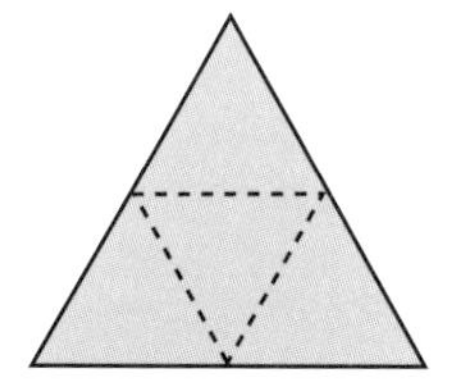
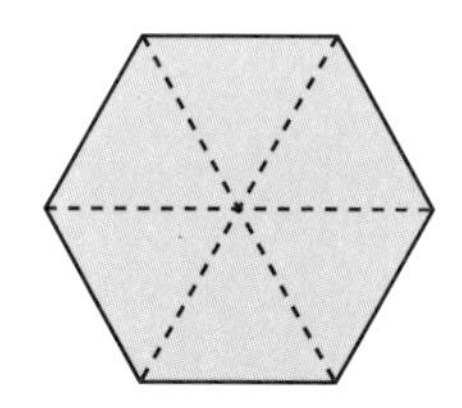

그림에서 보는 바와 같이 잘라진 작은 정삼각형은 크기가 같습니다. 그러므로 정삼각형과 정육각형 넓이의 비는 4:6=2:3이 됩니다.

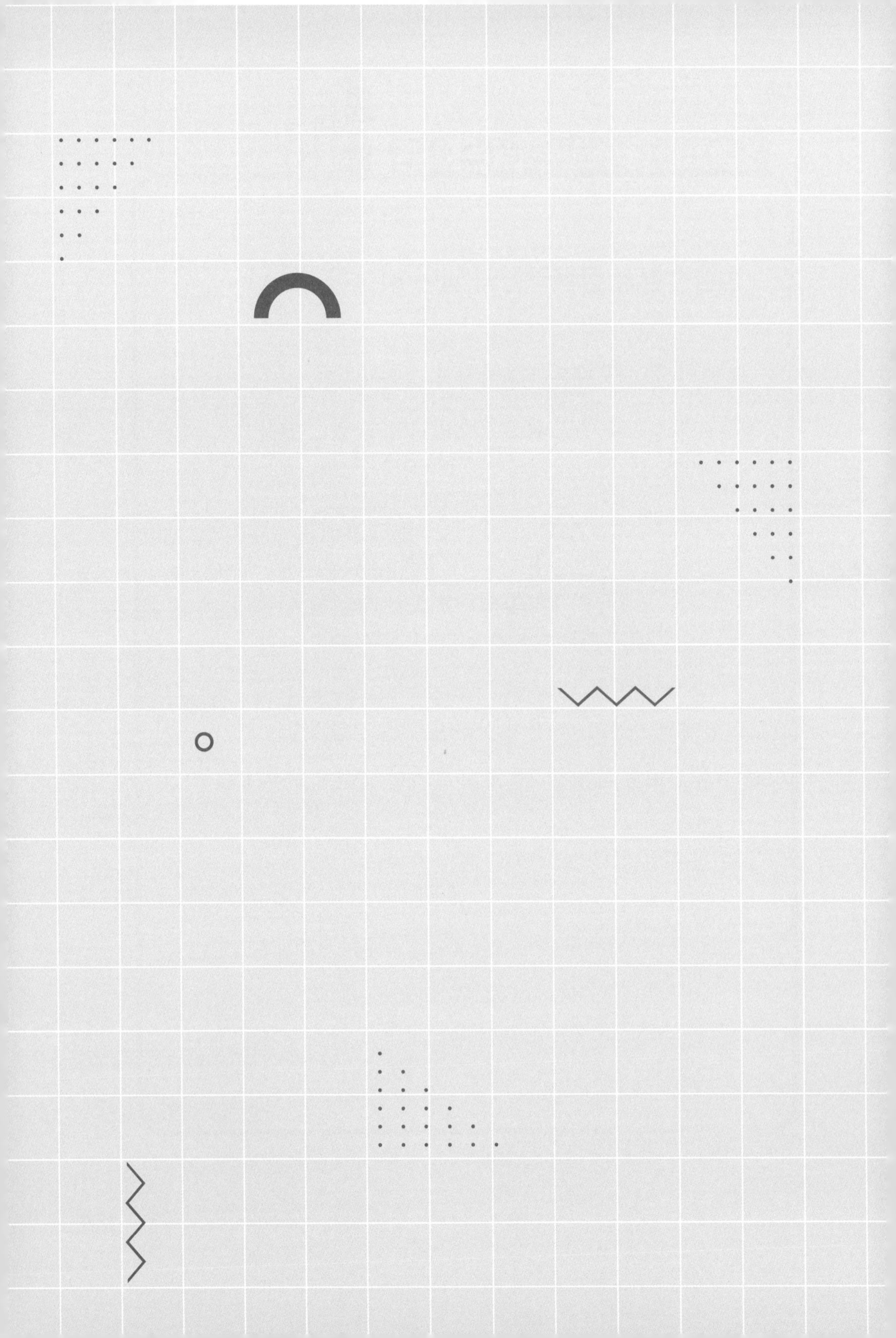

7교시

원을 이용한 그림

많은 디자인에서 원과 같은 기하학적 도형을 이용합니다.
원을 이용하여 정다각형을 작도하는 방법을 소개합니다.

수업 목표

1. 원에 내접하는 정다각형 중에 대표적인 몇 가지를 이해합니다.
2. 원을 이용하여 만든 바탕 그림에 다양한 디자인을 해 봅니다.

미리 알면 좋아요

1. 주어진 정다각형의 꼭짓점을 모두 지나는 원을 외접원이라 하고, 정다각형의 변에 모두 접하는 원을 내접원이라 부릅니다.

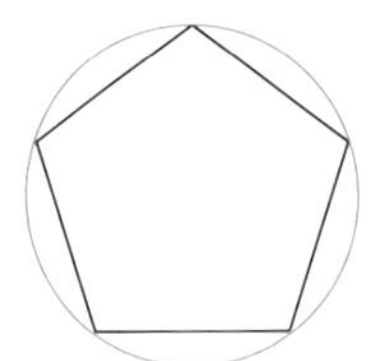
정오각형의 외접원

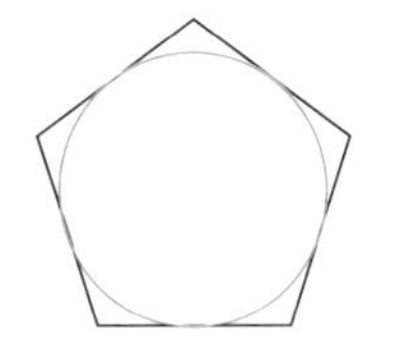
정오각형의 내접원

2. 모든 정다각형은 원에 내접합니다. 정다각형을 그리는 가장 간단한 방법은 원을 그리고 그 원에 내접하는 정다각형을 그려 주는 것입니다.

조충지의 일곱 번째 수업

이번 수업에서는 원을 이용하여 여러 가지 도형을 그리는 방법에 대해서 알아보도록 하겠습니다. 사실 원을 그릴 때에는 간단한 도구만 있으면 됩니다. 아래의 그림처럼 고정된 막대에 끈을 연결하여 360°를 회전하며 그려 주면 되지요.

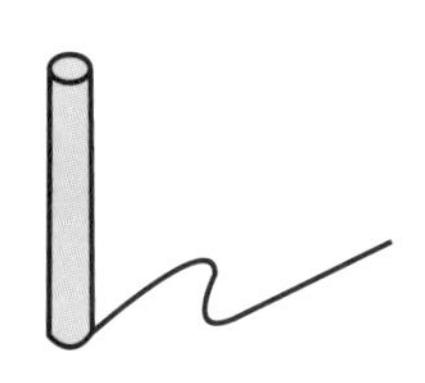

원을 그린다는 것은 회전하는 것과 관련이 있습니다. 360°보다 작게 회전하면 여러 가지 도형을 그릴 수 있습니다. 대표적인 것이 60°를 회전하여 정삼각형을 그리는 것입니다.

다음과 같이 선분 ㄱㄴ이 있습니다. 눈금 없는 자와 컴퍼스를 이용하여 선분 ㄱㄴ을 한 변으로 하는 정삼각형을 작도하려면 어떻게 해야 할까요? 아는 학생 한번 설명해 봅시다.

ㄱ ———————— ㄴ

잠시 조용하다 정수가 손을 들고 작도 방법을 설명하였습니다.

"컴퍼스의 바늘과 연필 사이의 길이를 ㄱㄴ으로 맞춘 다음 이것을 반지름으로 하여 점 ㄱ을 중심으로 원을 그리고, 점 ㄴ을 중심으로 원을 그린 다음 만나는 점을 찾아 줍니다.

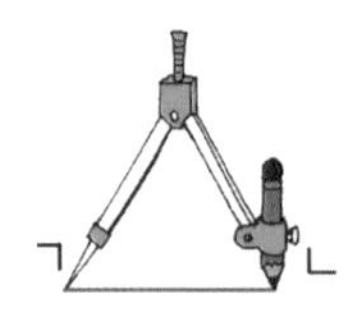

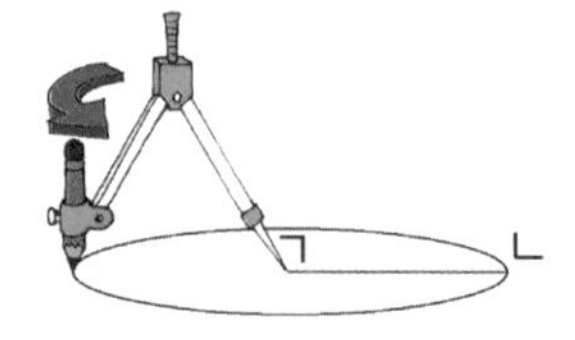

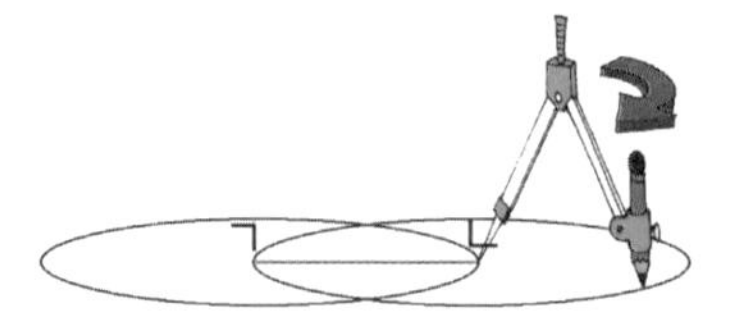

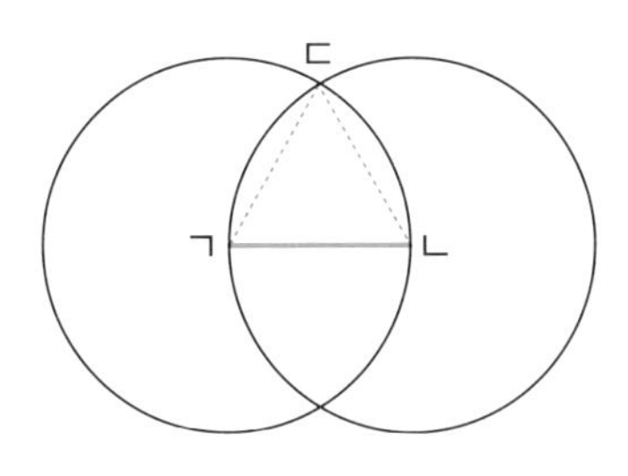

두 원이 만나는 점을 ㄷ이라 하면 삼각형 ㄱㄴㄷ이 바로 정삼각형이 됩니다."

원을 이용하여 정삼각형을 작도하는 방법을 아주 잘 설명해 주었습니다. 두 원이 만나는 점을 꼭짓점으로 잡았군요. 같은 방법이지만 해석을 조금 다르게 할 수도 있습니다.

점 ㄴ을 중심으로 점 ㄱ을 회전시킵니다.

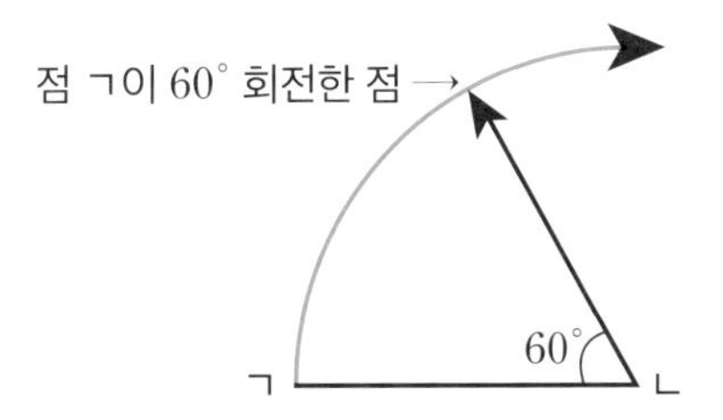

이때 60°만큼 회전한 점을 찾아내면 이 점이 바로 정삼각형의 나머지 꼭짓점이 됩니다.

그런데 얼마만큼 회전하면 60° 회전하였는지 알 수 있을까요?

학생들은 잠시 고민에 빠졌습니다.

"각도기를 사용할 수 있나요?"

각도기를 사용한다면 가능하기는 하지만 원의 반지름이 달라졌을 때 각도기의 크기도 달라져야 하고, 반지름의 크기에 맞는 각도기를 찾기가 어렵습니다.

각도기를 사용하지 않고도 60°만큼만 회전시키는 방법이 있답니다. 바로 반대로 점 ㄴ을 회전해 주는 것입니다.

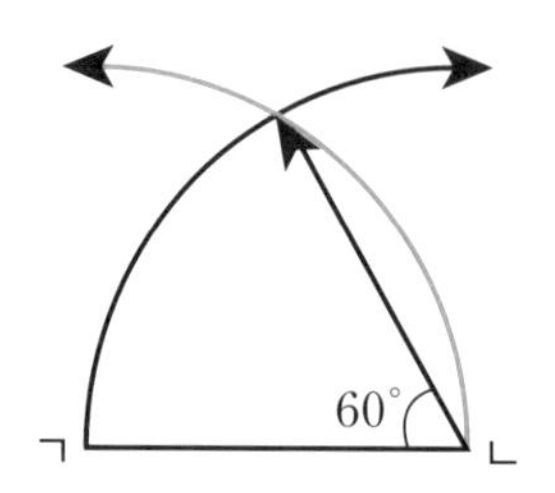

그림에서와 같이 점 ㄱ을 중심으로 점 ㄴ을 회전시켜 만나는 점을 찾아주면 정삼각형의 꼭짓점을 찾을 수 있습니다.

"정사각형이나 정오각형도 원을 이용하여 그릴 수 있나요?"

물론입니다. 정다각형을 그리는 가장 손쉬운 방법이 바로 원을 이용하는 것입니다.

원을 그리고 수직인 두 개의 지름을 그려 줍니다.

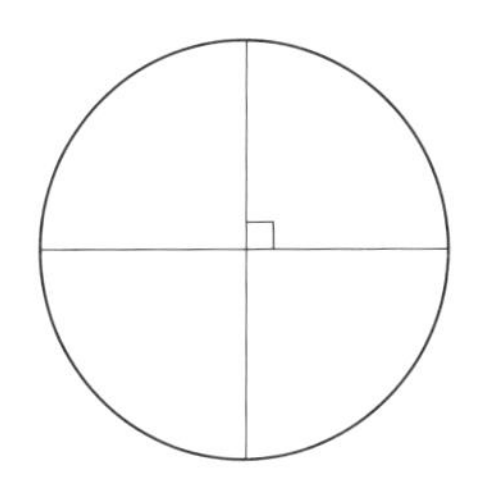

이 그림을 이용하면 여러 가지 정다각형을 그릴 수 있습니다.

"선생님, 네 점을 연결하면 정사각형이 그려져요."

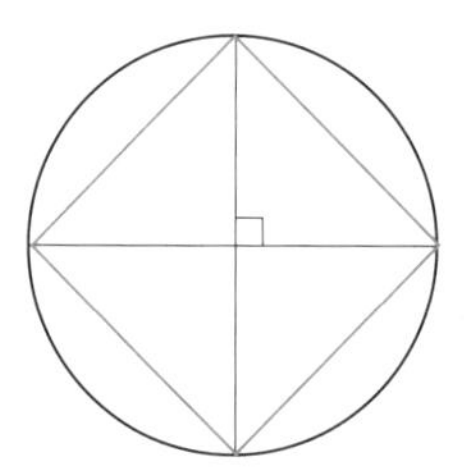

그렇지요. 원과 같은 반지름으로 다음과 같이 호를 하나 그려 주세요. 이렇게 하면 정삼각형을 그릴 수 있습니다.

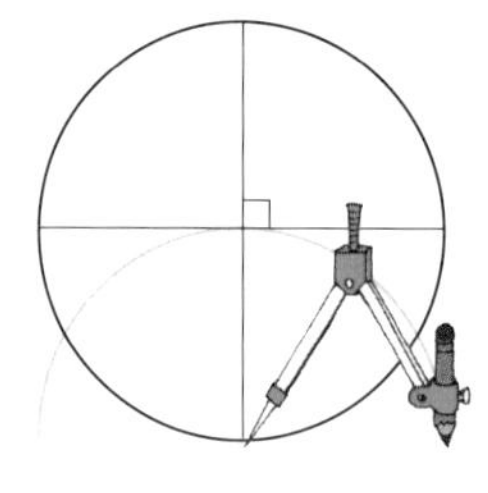

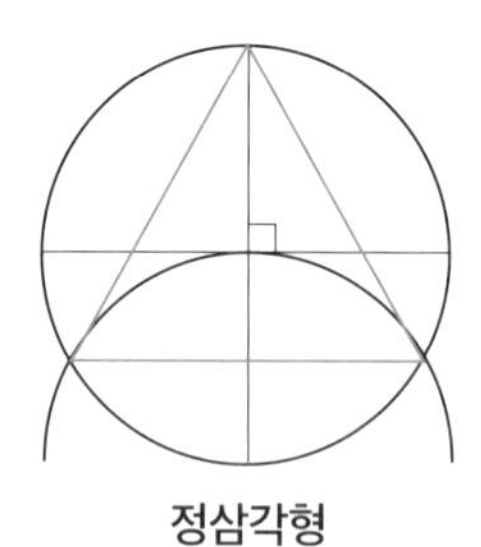

정삼각형

이번에는 원의 위쪽에도 똑같은 호를 그려 줍니다. 이렇게 하면 정육각형이 되지요.

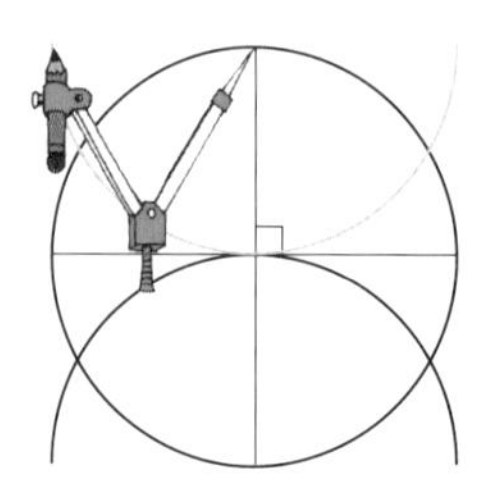

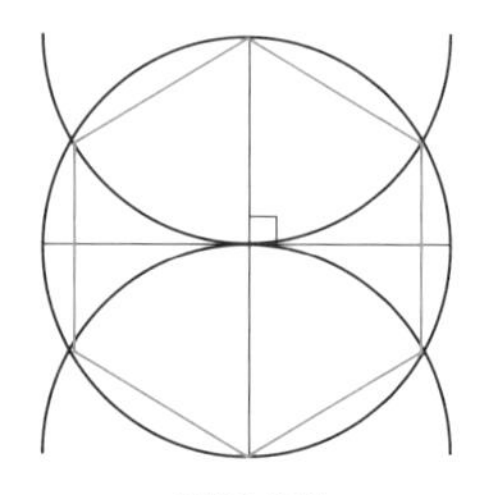

정육각형

같은 호를 왼쪽과 오른쪽에 그려 보세요. 정12각형을 간단하게 그릴 수 있습니다.

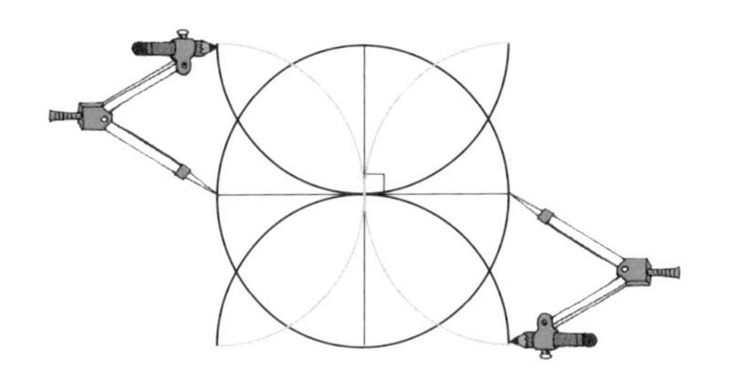

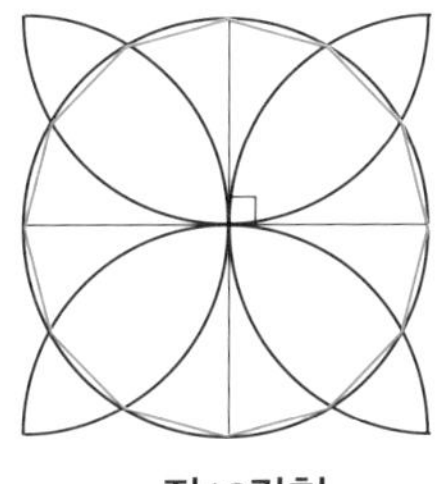

정12각형

마지막으로 호가 만나는 교점을 연결하면 정사각형과 정팔각형을 그릴 수 있습니다.

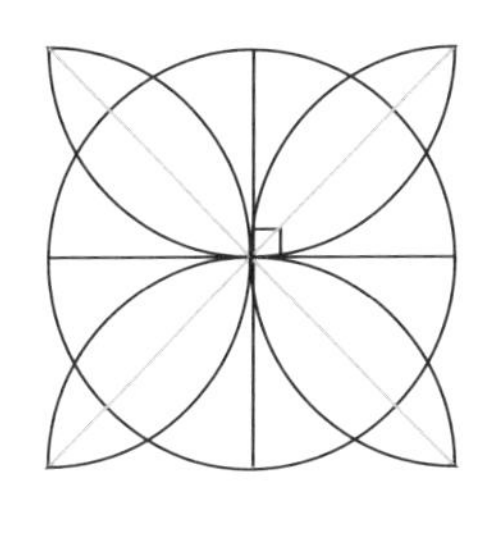

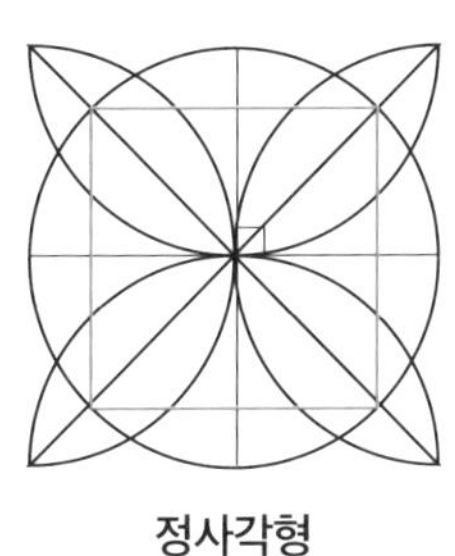

정사각형

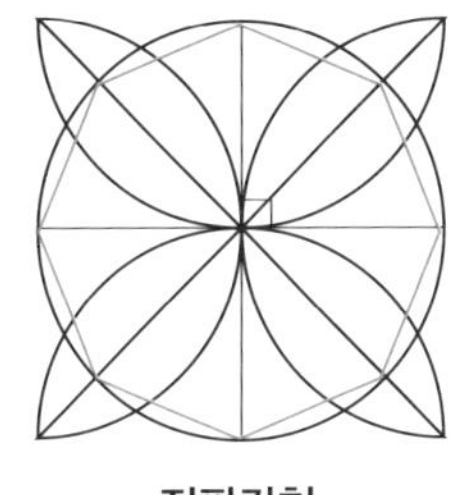

정팔각형

원을 이용하여 정다각형을 그릴 때, 가장 편리한 점은 뭐니 뭐니 해도 변의 개수를 2배로 늘리기 쉽다는 데 있습니다. 다음과 같이 원에 정사각형을 그리고, 호ㄱㄴ, 호ㄴㄷ, 호ㄷㄹ, 호ㄹㄱ

의 중점을 찾은 다음, 연결해 주면 정팔각형을 그릴 수 있습니다.

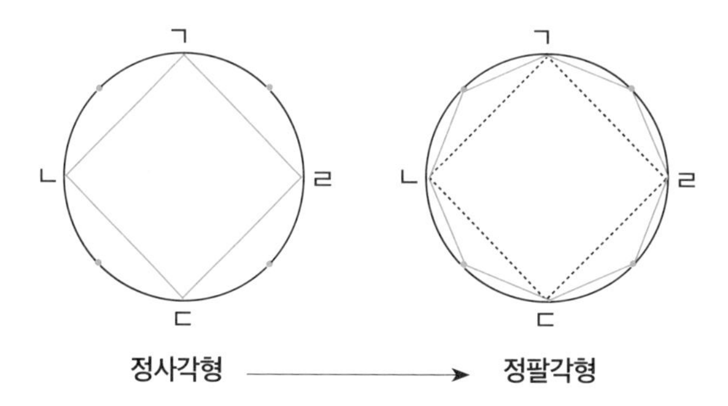

원 위에 정팔각형이 그려져 있다면 마찬가지로 호의 중점을 찾아서 연결해 주면 정16각형을 그릴 수 있습니다.

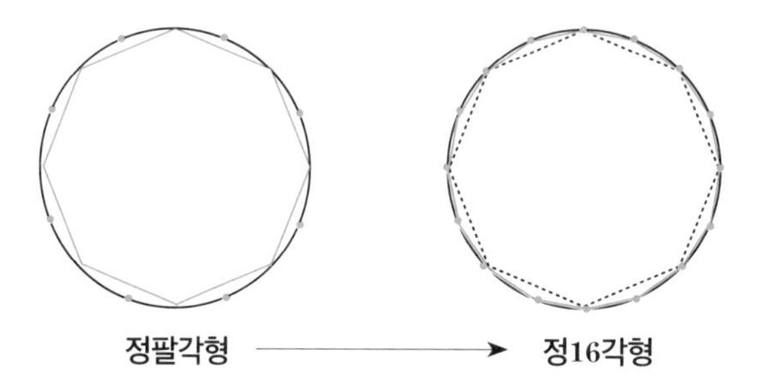

"아, 이런 방법으로 하면 다음은 정32각형이 그려지겠군요."

"정16각형 정도만 해도 거의 원처럼 보이는데요."

그렇습니다. 호의 중점을 연결하면 정32각형이 나오고, 그 다음은 정64각형입니다. 사실 정32각형은 사람이 그릴 때, 거의 원과 구별하기 힘들 정도가 될 것입니다.

원은 정다각형을 그릴 때에만 유용한 것이 아닙니다. 컴퍼스로 원을 그린 다음 이것을 기본으로 하여 다양한 그림을 그려 볼 수 있습니다.

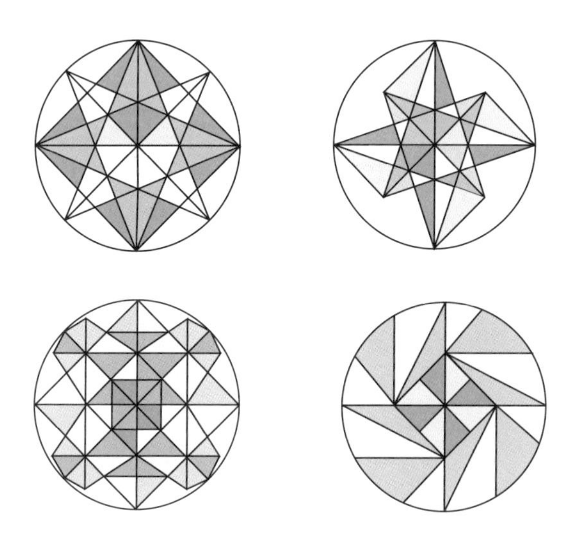

“아, 멋진데요.”

여러분은 여러 가지 광고에서 원을 사용한 디자인을 회사의 로고로 사용한 것을 볼 수 있을 것입니다.

야자수 디자인 로고

오렌지 디자인 로고

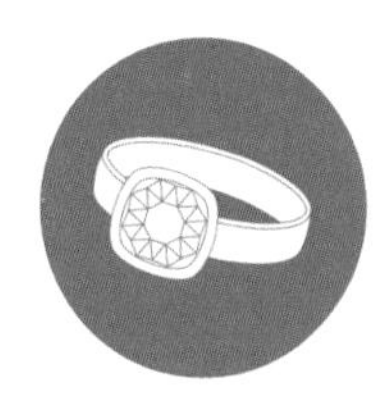

다이아몬드 디자인 로고

등대 디자인 로고

원을 이용하여 여러분도 멋진 디자인을 만들어 보세요.

수업 정리

❶ 컴퍼스를 이용하여 호를 그려 주면 점의 회전 이동을 나타낼 수 있습니다.

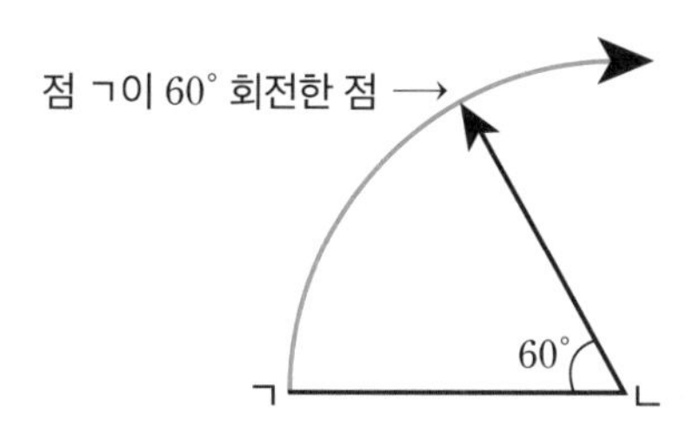

❷ 원주를 같은 길이의 호로 잘라 주고, 자른 점을 연결하면 정다각형을 그릴 수 있습니다. 예를 들어 원주를 6등분하는 점을 직선으로 연결하면 정육각형이 되고, 8등분하는 점을 연결하면 정팔각형이 됩니다.

조토의 원

14세기 교황 베네딕트 12세는 베드로 성당에 그림을 그릴 화가를 찾고 있었습니다. 미켈란젤로와 같은 뛰어난 화가가 성당에 대작품을 남겼던 것처럼 당시에 유명한 화가들은 모두 베드로 성당에 그림을 그릴 기회를 갖고 싶어 했습니다. 그래서 화가들은 각자 자신의 재능을 담은 작품을 제출하였습니다.

조토Giotto di Bondone, 1266~1337라는 화가에게도 교황의 전령이 찾아와 작품을 제출하라는 부탁을 하였습니다. 이에 조토는 붉은 물감으로 원 하나를 쓱 그려 제출하였습니다.

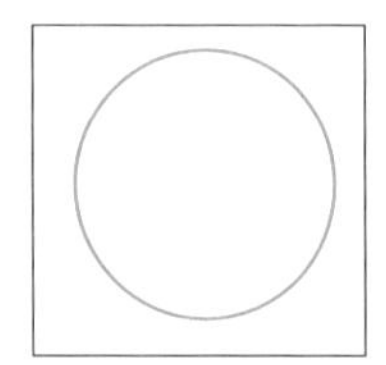

그런데 조토의 원을 본 교황은 컴퍼스 없이도 완벽한 원을 그려 낸 조토의 그림을 보고 그의 재능을 직감하였고, 기꺼이 성당의 그림을 맡기게 되었습니다.

그 이후 이 원을 '조토의 원Giotto's circle'이라 부르게 되었답니다.

8교시

원을 이용한 과학

생활과 과학에서 원이 사용되는 대표적인 예로 굴림대와 도르래를 소개합니다. 굴림대와 도르래에서 원의 역할을 살펴보고, 구체적으로 어떤 점이 어떻게 좋은지 분석해 봅니다.

수업 목표

1. 굴림대를 깔아 놓고 그 위에서 굴릴 때 힘의 이득을 구해 봅니다.
2. 움직도르래와 고정 도르래의 원리를 이해합니다.

미리 알면 좋아요

1. 원기둥 모양의 굴림대를 깔아 놓고 그 위에 짐을 올린 다음 밀어 주면 평지에서 밀 때보다 힘이 덜 들 뿐 아니라 원기둥이 굴러가는 거리만큼 더 멀리 짐을 옮길 수 있습니다.

2. 고정 도르래 힘의 방향을 바꾸어 주는 도르래입니다.

3. 움직도르래 적은 힘으로 물체를 올릴 수 있습니다. 힘은 적게 들지만 당겨야 하는 끈의 길이는 더 깁니다.

조충지의 여덟 번째 수업

이번 수업에서는 우리 인류가 원을 어떻게 사용해 왔고, 또 현재에는 어떻게 사용하고 있는지 살펴봄으로써 원의 성질을 좀 더 깊이 알아보도록 하겠습니다.

인류가 원을 사용한 역사는 무척이나 오래되었습니다. 원을 사용하지 않았다면 우리의 삶은 무척 불편했을 것이고, 어쩌면 여러분들이 살고 있는 지금의 문명처럼 발전하지 못했을 것입니다. 어떤 불편이 있을까요?

"바퀴를 사용할 줄 몰랐다면 아마도 지금의 자동차가 없었을 거예요."

그렇습니다. 바퀴는 우리의 삶을 너무나 편리하게 만들어 주었습니다.

원을 사용하지 않았다면 이집트의 피라미드도 존재하지 않았을 것입니다.

"선생님, 피라미드는 정사각뿔 아닌가요?"

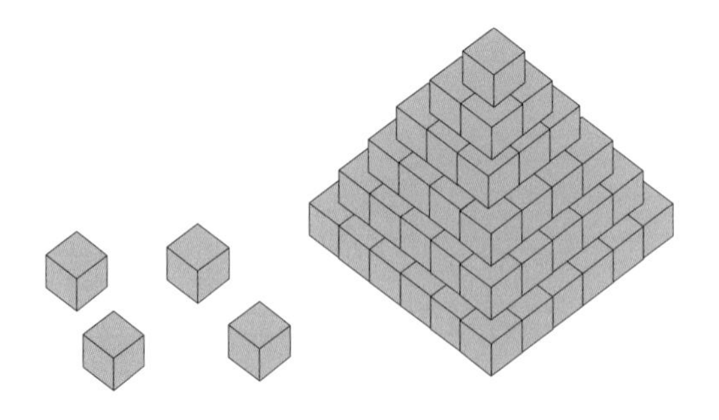

"맞아요, 정육면체 모양의 돌을 쌓아서 만든 것이잖아요."

그렇습니다. 피라미드는 정육면체 모양의 돌을 쌓아서 정사각뿔 모양으로 만들어졌습니다. 멀리서 보면 삼각형으로 보이지요. 이집트에 남아 있는 피라미드 중에서 가장 높은 것은 나일강 서쪽의 기자에 있는 대피라미드로, 높이가 147m에 이른

다고 합니다. 이 피라미드를 만드는 데에는 2.5톤 무게의 돌이 230만 개나 사용되었지요.

피라미드

"230만 개요?"

그렇습니다. 230만 개가 필요했습니다. 이집트의 여러 곳에서 그 무거운 돌을 운반한 다음 쌓아 올린 것이지요.

"선생님, 책에서 보았는데 나일강을 이용해서 배로 운반했다고 나와 있었어요."

아마도 배를 이용해서 운반하는 것이 가장 편리했겠지요. 그런데 배를 이용해 돌을 운반하더라도 그것은 강 위에서나 가능합니다. 돌을 배에서 내린 다음 피라미드를 세울 곳으로 운반해야 합니다. 과연 어떻게 운반했을까요?

"큰 줄로 묶은 다음 수십 명씩 달려들어 밀고 끌고 했을 것 같아요."

그렇습니다. 크고 무거운 돌을 운반하기 위해 수십 명씩 매달려야 했겠지요.

그런데 원을 이용했기 때문에 그나마 일을 수월하게 할 수 있었을 것입니다.

"큰 수레에 올려놓고 운반했나요?"

하하하, 아닙니다. 원기둥 모양의 나무를 이용해서 운반했지요.

그림과 같이 굵기가 일정한 원기둥 모양의 나무를 깔아 놓습니다. 그런 다음 그 위에 돌을 올려놓고 밀어서 운반했답니다.

"아, 밑에 깔린 원기둥은 잘 굴러가니까, 돌을 그냥 땅에서 밀 때보다 마찰력이 작아져서 쉽게 밀 수 있었을 것 같아요."

그렇습니다. 이렇게 깔아 놓은 원기둥을 굴림대라고 부릅니다. 마찰력을 작게 만들어 주기 때문에 적은 힘으로도 밀 수 있었지요.

그런데 이것 말고도 또 하나의 장점이 있습니다. 다음과 같은 문제를 풀어 보도록 하지요.

쏙쏙 문제 풀기

지름이 1m인 원을 밑면으로 하는 원기둥 모양의 굴림대를 여러 개 깔아 놓은 다음 큰 돌을 올려놓고 밀었습니다. 밑에 깔린 통나무가 1회전할 동안 밀었을 때, 돌이 움직인 거리를 구하시오.

"굴림대의 단면인 원의 지름이 1m이니까 굴림대가 한 바퀴 구른다면 πm, 그러니까 약 3.14m 움직인 것이 됩니다."

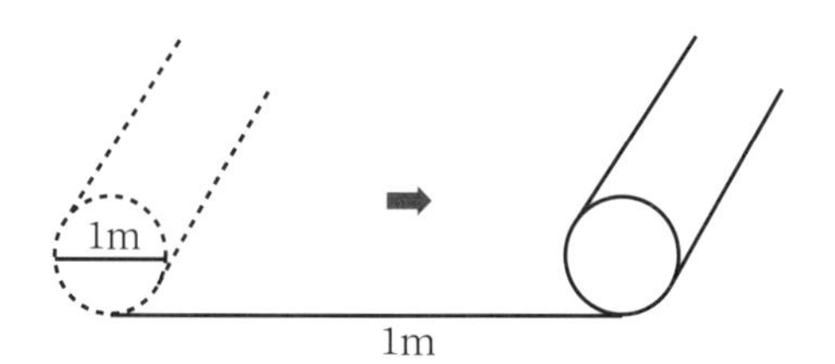

굴림대만 굴렸다면 3.14m 움직인 것이 되지만, 아닙니다.

굴림대 위에 올려진 돌의 중심도 3.14m 움직이게 됩니다. 그래서 실제로는 2πm, 약 6.28m를 움직인 것이 되지요.

"그럼 민 거리보다 2배나 더 움직였네요."

"와, 정말 원을 이용한다는 것이 신비롭기까지 해요."

그렇습니다. 굴림대를 이용하면 밀기도 쉽고, 민 거리에 비해 2배를 움직이지요. 따라서 원을 이용하면 정말 편리하답니다.

원을 이용하면 편리한 또 다른 예로 도르래가 있습니다.

고대 그리스의 수학자 아르키메데스는 거대한 군함을 기계를 이용하여 혼자 들어 올렸다고 전해집니다. 그 기계는 바로 도르래였습니다.

도르래는 무거운 물건을 쉽게 혹은 적은 힘으로 들어 올리는데 사용됩니다. 도르래에 핵심적으로 사용되는 것이 바로 원이지요.

도르래는 고정 도르래와 움직도르래로 나뉘어져 있는데 고정 도르래는 그림과 같이 위쪽에 고정시킨 형태이고, 움직도르래는 말 그대로 고정되지 않아 움직일 수 있는 도르래를 말합니다.

고정 도르래
원 모양의 바퀴가 고정되어 있고, 바퀴가 잘 돌아가도록 설치되어야 한다.

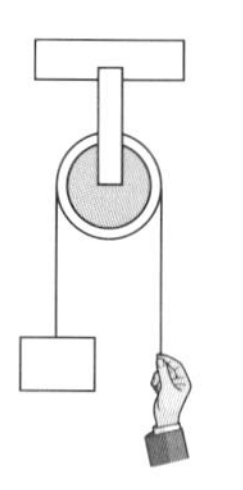

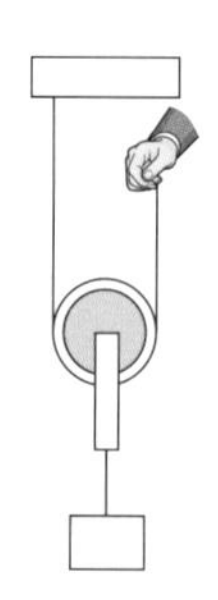

움직도르래
원 모양의 바퀴가 줄을 당기고 놓음에 따라 아래위로 움직인다.

물건을 들어 올릴 때, 고정 도르래를 사용한다면 물건의 무게만큼 잡아당겨 주어야 합니다.

가령 물건의 무게가 5kg이라면 5kg중만큼의 힘이 아래로 작용합니다. 그러니까 고정 도르래를 이용하여 위로 올리려면 적어도 5kg중 이상의 힘을 주어야 합니다.

"선생님, 그렇다면 물건을 그냥 손으로 들어 올리는 것과 차이가 없잖아요?"

그렇지요. 하지만 다시 한번 생각해 봅시다. 아래에 있는 5kg의 물건을 위로 들어 올리는 것과 위에 매달려 있는 5kg의 물건을 아래로 당기는 것 중 어느 쪽이 더 편할까요?

“그야 당연히 위에 있는 물건을 아래로 당기는 것이 쉽겠지요.”

그렇습니다. 고정 도르래는 힘의 방향을 바꾸어 주는 것입니다. 아래에 있는 물건을 위로 들어 올려야 하는 상황에서, 반대로 아래로 당기는 방향으로 힘을 주면 되지요. 고정 도르래는 힘의 방향을 바꾸어 줌으로써 편리함을 주는 도구입니다.

요즘에는 찾아보기 어렵지만 옛날에는 마을마다 있던 우물에 고정 도르래가 사용되었답니다.

고정 도르래가 사용되는 우물

고정 도르래가 힘의 방향을 바꾸어 주는 것인 반면에 움직도르래는 적은 힘으로 물건을 들어 올릴 수 있게 합니다.

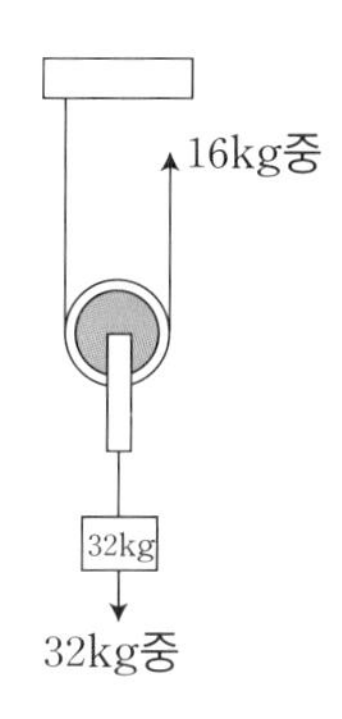

그림과 같이 32kg의 물건이 매달려 있으면 아래쪽으로 32kg중의 힘이 작용합니다.

고정 도르래를 사용할 경우에는 32kg중의 힘을 아래쪽으로 바꾸어 주면서 물건을 들어 올리지만 움직도르래는 그 절반인 16kg중보다 큰 힘만 주면 물건을 들어 올릴 수 있습니다. 대신 매달린 물건을 1m 올리려면 그 2배인 2m의 줄을 당겨 주어야 합니다. 결국 적은 힘을 주는 대신 오랫동안 주어야 하지요.

"그러니까 32kg의 물건을 1m 들어 올릴 때, '고정 도르래를 사용하면 32kg중의 힘으로 줄을 1m 당겨야 하고, 움직도르래를 사용하면 16kg중의 힘으로 줄을 2m 당겨야 한다.'로 정리

할 수 있겠네요."

"그런데 움직도르래를 사용할 때, 왜 힘이 절반만 들지요?"

자, 여기 그림을 보세요.

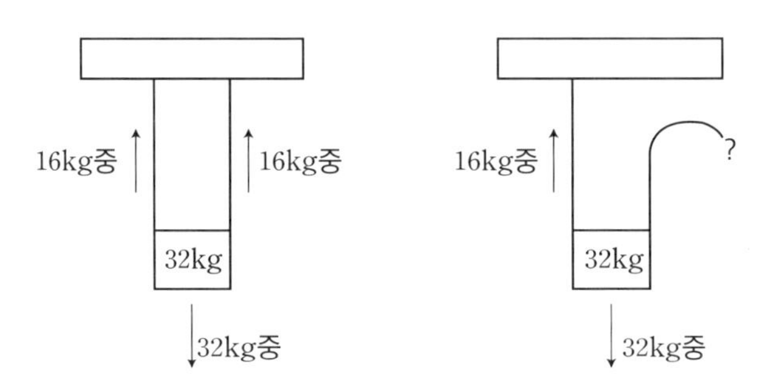

천장에 두 개의 줄을 매달아 32kg의 물건을 달아 놓으면 중력 때문에 아래쪽으로 32kg중의 힘이 작용합니다. 두 개의 줄에는 각각 16kg중의 힘이 작용하지요.

만약 오른쪽의 줄을 자른 다음 손으로 잡고 있으려고 합니다. 물건이 떨어지지 않게 하려면 얼마의 힘을 주어야 할까요?

"당연히 그 줄에 작용하던 16kg중의 힘만 주면 되지요."

그렇습니다. 물건 무게의 절반에 해당하는 힘은 고정된 천장에 맡기고 사람은 그 절반의 힘만 작용하는 것입니다. 물건이 올라갈 때, 도르래의 원이 줄을 따라 위로 올라가면서 자연스럽게 중심의 위치를 변화시키는 것입니다.

움직도르래의 또 다른 장점은 여러 개의 움직도르래를 결합하여 사용할 수 있다는 것입니다.

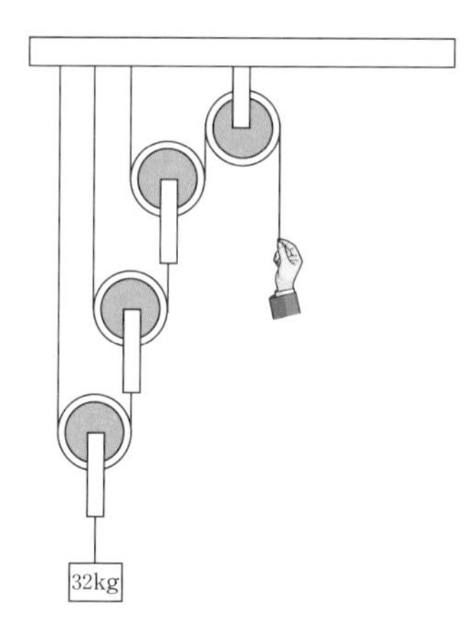

그림의 도르래는 세 개의 움직도르래가 연결되어 있습니다.

한 개의 도르래를 사용하면 $\frac{1}{2}$의 힘이 필요하고,

두 개의 도르래를 사용하면 $\frac{1}{4}=\frac{1}{2^2}$의 힘이 필요하고,

세 개의 도르래를 사용하면 $\frac{1}{8}=\frac{1}{2^3}$의 힘만 주면 됩니다.

"와, 굉장히 편리하군요."

그렇습니다. 만약 10개의 움직도르래를 결합해 놓았다면 물건을 그냥 들어 올릴 때에 비해 얼마의 힘이 필요할까요?

"$\frac{1}{2^{10}}$이니까 $\frac{1}{1024}$보다 큰 힘만 주면 됩니다."

잘했습니다. 이번에는 문제를 풀어 볼까요?

쏙쏙 문제 풀기

10개의 움직도르래가 결합되어 있는 도르래에 30kg의 물건을 들어 올리는 힘을 준다고 할 때, 얼마나 무거운 물건을 들어 올릴 수 있을지 구하시오.

간단한 계산을 마친 정수가 손을 들고 대답했습니다.

"1024×30kg＝30720kg의 물건을 들어 올릴 수 있겠네요."

그렇습니다. 약 30톤의 물건을 들어 올릴 수 있지요. 그러니 아르키메데스가 도르래를 이용하여 거대한 군함을 들어 올렸다는 것이 결코 과장이라고 할 수 없겠지요.

움직도르래와 고정 도르래를 결합시키면 더욱 편리한 도구를 만들 수 있습니다.

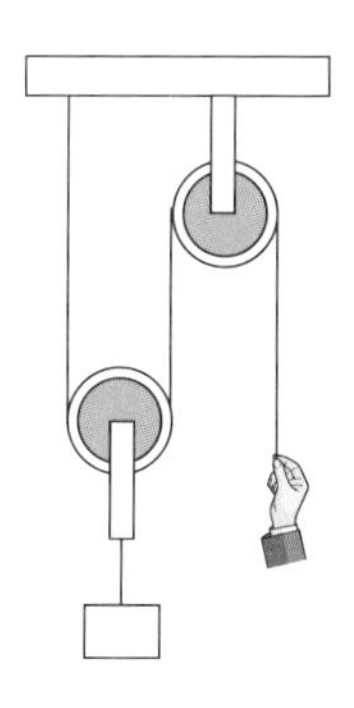

이 그림에서와 같이 고정 도르래가 있기 때문에 물건을 들어 올리는 대신 아래쪽으로 당겨 주면 되고, 움직도르래가 1개 설치되어 있기 때문에 고정 도르래에 들어가는 절반의 힘을 가지고 아래쪽으로 당겨 주면 물건을 들어 올릴 수 있습니다. 이와 같이 움직도르래와 고정 도르래가 결합된 도르래를 복합 도르래라고 합니다.

수업 정리

❶ 원을 이용하면 적은 힘으로 많은 일을 할 수 있습니다. 대표적인 예로 굴림대와 도르래가 있습니다.

❷ 고정 도르래는 힘의 방향을 바꾸어 주고, 움직도르래는 적은 힘으로 무거운 물체를 들 수 있게 합니다. 10개의 움직도르래가 달린 기계를 이용하면 30kg의 물체를 드는 힘으로 약 1000배에 해당하는 30톤의 물체를 들 수 있습니다. 움직도르래와 고정 도르래를 결합시키면 더욱 편리한 도구를 만들 수 있습니다.

조충지와 함께하는 쉬는 시간 7

수원화성과 거중기

거중기란 무거운 물체를 들어 올리기 위해 만들어진 기계입니다. 우리의 선조들도 거중기를 만들어 사용했는데, 거중기는 바로 도르래의 원리를 이용한 것이랍니다.

18세기 실학자 정약용은 정조의 명에 따라 수원화성을 설계하고 거중기를 이용하여 성을 쌓았습니다. 사진은 당시의 거중기를 복원한 것입니다.

ⓒWikipedia.org

거중기는 고정 도르래와 움직도르래를 함께 사용하는 복합 도르래입니다. 성을 쌓는 데 필요한 아주 무거운 돌을 거중기를 사용하여 어렵지 않게 들어 올릴 수 있었답니다. 화성 건축에 사용된 거중기의 경우 1만 2천 근7200kg이나 되는 돌을 30명의 힘으로 들어 올릴 수 있었다고 합니다.

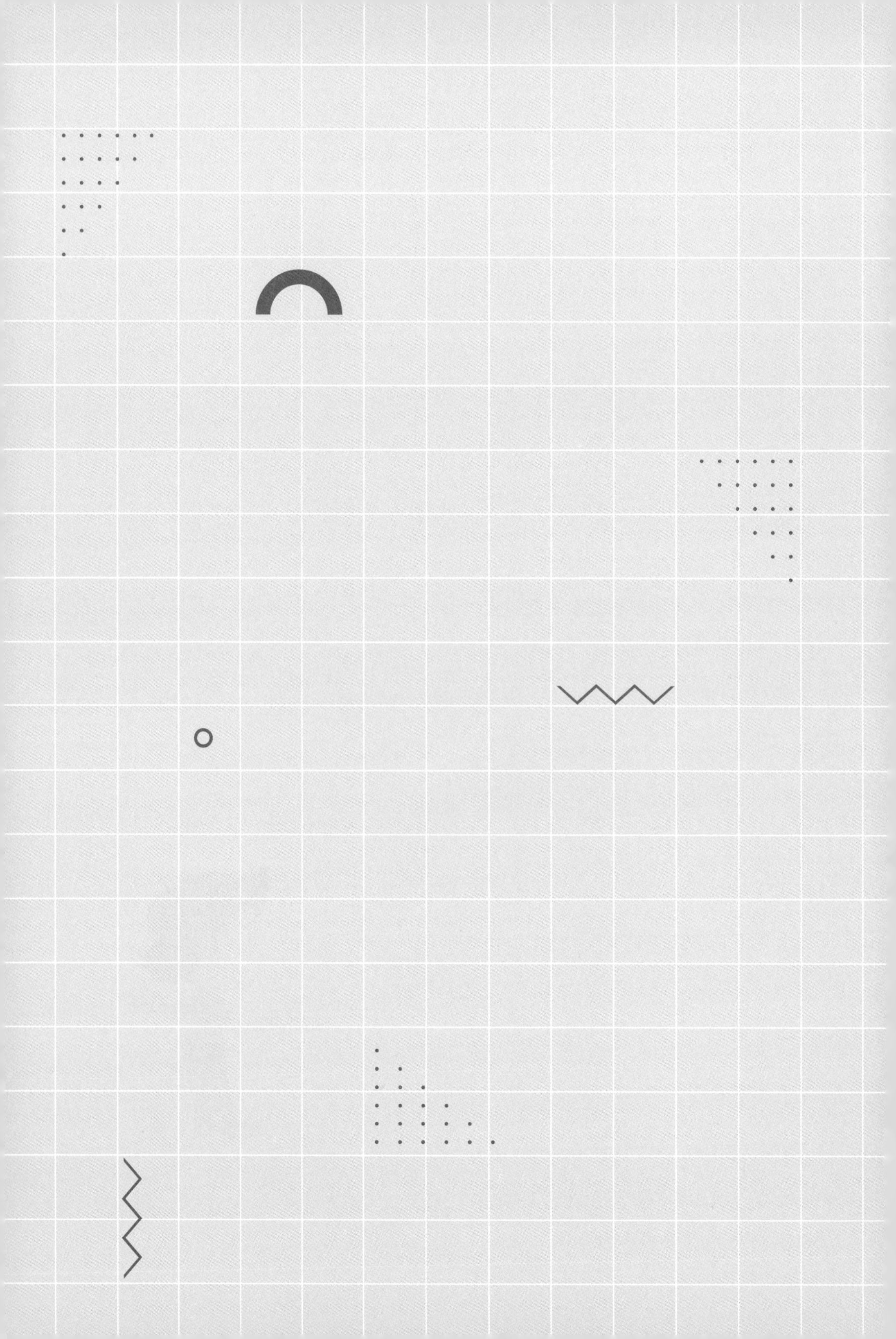

9교시

원과 작도

눈금 없는 자와 컴퍼스를 사용하여 지워진 원을 복원하는
내용을 중심으로 하여 선분의 수직이등분선에 대한
작도, 원의 중심을 찾는 방법을 배웁니다.

수업 목표

1. 지워지고 일부만 남은 원의 원래 모양을 그려 봅니다.
2. 끈을 이용하여 원의 지름을 구해 봅니다.
3. 거름종이를 접어서 원의 중심을 찾고, 원의 작도에 적용해 봅니다.

미리 알면 좋아요

1. 원의 지름 원에서 그릴 수 있는 현 중에 가장 긴 현입니다.

2. 선분의 양 끝점에서 같은 거리에 있는 점을 모두 연결하면 선분의 수직이등분선이 됩니다.

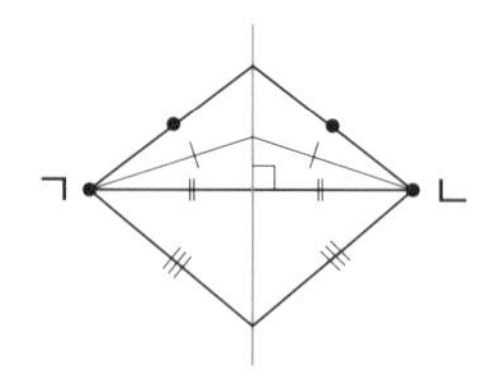

3. 원에 그린 현의 수직이등분선은 원의 지름이 됩니다.

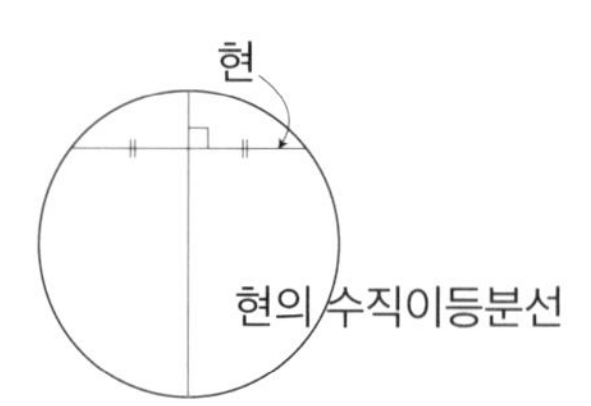

조충지의 아홉 번째 수업

이번 수업에서는 원과 관련된 작도에 대해서 알아보도록 하겠습니다.

컴퍼스를 사용하여 직접 그린 원이 아니라면 그 중심이 주어지는 경우는 매우 드뭅니다. 가령 컴퓨터를 이용해서 그려진 원이라든지, 원 모양의 접시와 같은 경우에 중심은 표시되지 않습니다.

다음과 같이 원이나 혹은 원의 일부인 호, 깨진 접시가 있을 때 그 원의 중심은 어떻게 찾을 수 있을까요?

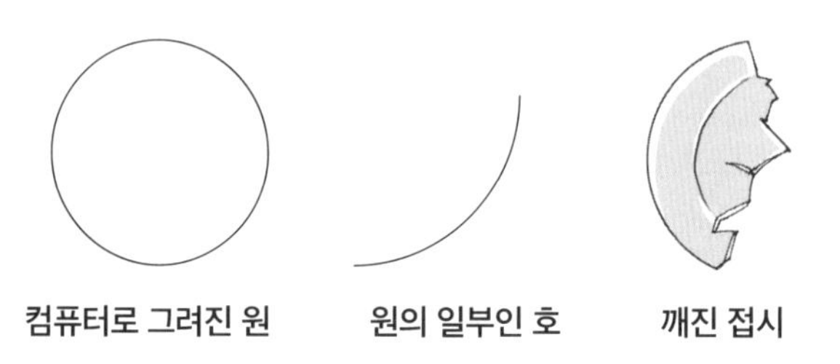

"사용하는 도구는 무엇인가요?"

무엇을 사용하고 싶은가요?

미라가 자신 있는 표정으로 말했습니다.

"끈이나 실을 사용한다면 한 가지 방법이 있습니다. 아니면 눈금 있는 자를 이용해도 알 수 있습니다."

한번 설명해 보세요.

"① 원의 한 점에 실의 한쪽 끝을 고정시킵니다.

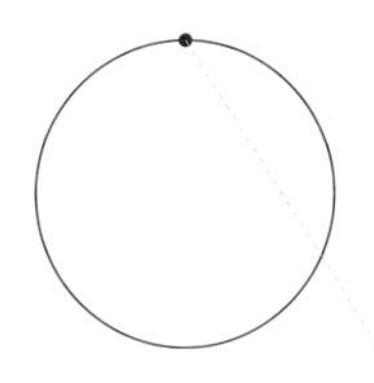

② 실의 다른 쪽 끝을 움직여 현의 길이가 점점 길어지다가 다시 짧게 변하는 순간의 점을 찾아냅니다. 이때가 바로 지름이 되는 순간입니다.

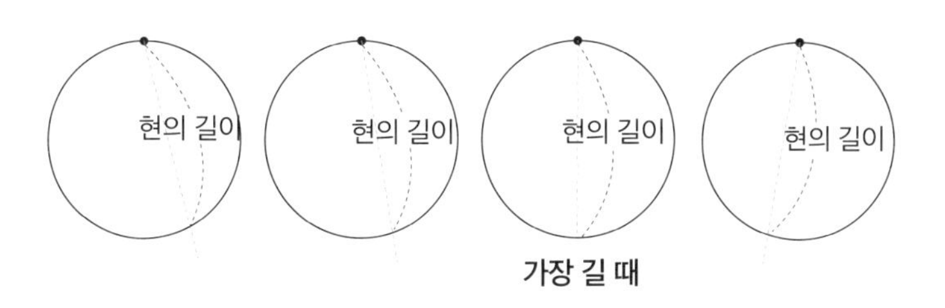

③ 다른 곳에서 이 과정을 한 번 더 해서 원의 지름을 두 개 그립니다. 지름이 교차하는 점이 바로 원의 중심이 됩니다."

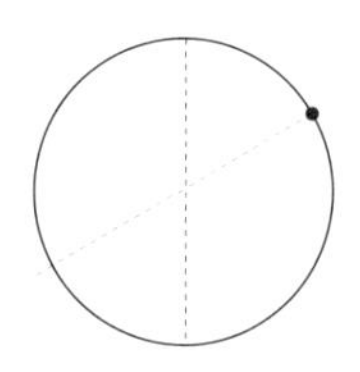

아주 좋았습니다. 매우 실용적인 방법이로군요. 그런데 방금 설명한 방법에 약간의 문제가 있습니다. 원의 전부가 아닌 일부인 호만 주어진 경우에는 어떻게 하지요?

잠시 생각을 하던 미라의 설명이 이어졌습니다.

"원의 일부라고 하더라도 지름을 그릴 수 있는 크기라면, 그러니까 반원보다 큰 경우에는 가능할 것 같습니다. 아래의 그림처럼 하면 됩니다."

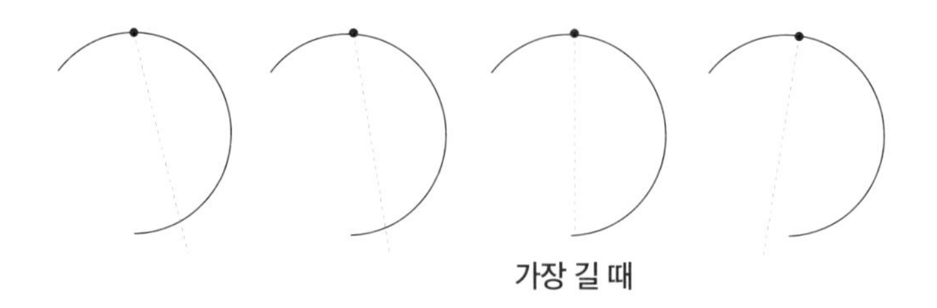

좋습니다. 지금 사용한 방법에 적용된 수학의 원리는 무엇인지 설명해 줄 수 있나요?

"네, 원에 선분을 그릴 때 가장 긴 것이 지름이고, 원의 중심은 지름 위에 있다는 것을 이용하였습니다."

잘했습니다. 수학 용어를 조금 더 사용해서 설명해 보면 다음과 같지요.

쏙쏙 이해하기

원의 지름은 원에서 그릴 수 있는 가장 긴 현이다.

자, 그럼 반원보다 작은 경우에 원의 중심은 어떻게 찾을 수 있을까요?

학생들은 이리저리 생각에 잠겼습니다.

방법을 찾기 위해서는 원에 감추어진 수학적 성질을 찾아보아야 하고, 찾아낸 성질을 이용할 방법을 연구해야 합니다.

원에 감추어진 수학적 원리를 찾기 위해 한 가지 실험을 해 보겠습니다. 그리고 수학으로 분석해 봅시다.

조충지는 과학 시간에 사용하는 원 모양의 거름종이를 꺼냈습니다.

자, 여기에 거름종이가 있습니다. 이 종이의 중심을 찾으려고 합니다. 여러분들은 어떻게 하겠습니까?

질문이 끝나기 무섭게 정수가 손을 번쩍 들고 대답했습니다.

"먼저, 종이를 반으로 접습니다. 그리고 편 다음 다른 쪽에서 한 번 더 반으로 접었다 펴 줍니다. 그럼 두 개의 접은 선이 나타나게 되는데 접은 선의 교점이 바로 거름종이의 중심이 됩니다."

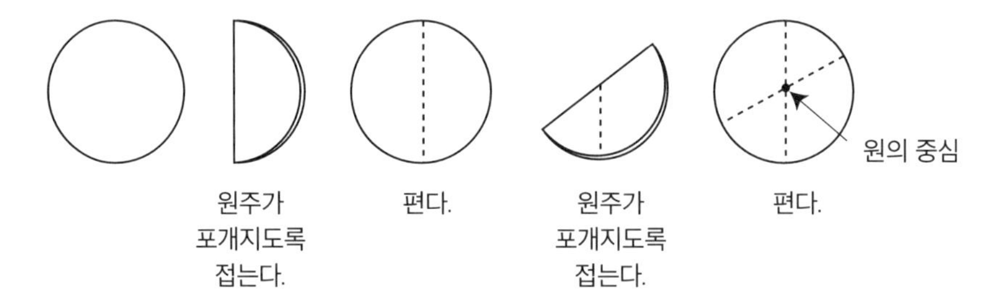

아주 잘했습니다. 수학을 잘 모르는 친구들도 찾아낼 수 있는 쉽고 편리한 방법입니다. 지금부터 우리는 이 종이 접기 방법에 감추어진 수학 원리를 찾으려고 합니다.

자, 여기 칠판을 보세요.

조충지는 칠판에 원을 그렸습니다.

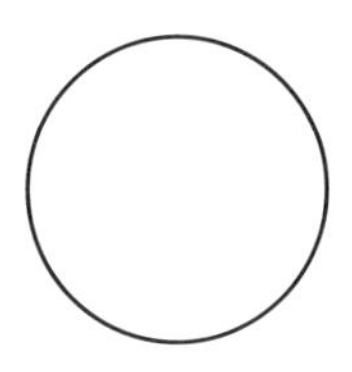

여기 칠판에 거름종이의 모양과 같은 원을 그렸습니다. 실제의 거름종이는 반으로 접을 수 있었는데 칠판에 그려진 거름종이는 반으로 접을 수 없답니다. 거름종이를 반으로 접는다는 것을 칠판에 나타내려고 합니다. 어떻게 표현하면 좋을까요?

학생들은 고개를 갸우뚱거리며 조충지의 설명이 이어지기를 기다렸습니다.

거름종이를 반으로 접는 과정을 수학으로 분석해 보겠습니다. 원을 반으로 접는다는 것은 원주가 서로 포개어지도록 접어 준다는 것을 의미합니다.

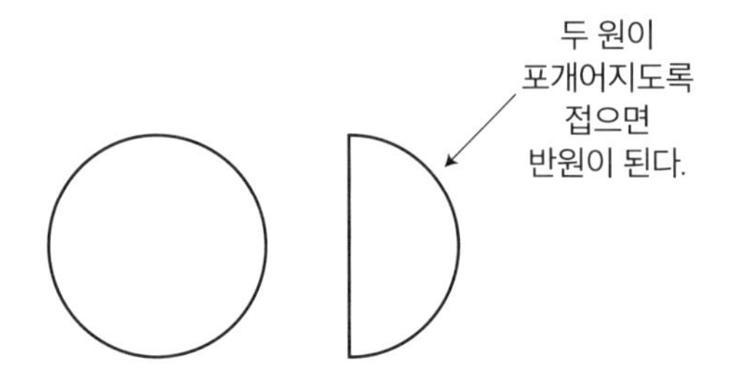

이번에는 거름종이 원에 현을 하나 그려 보겠습니다.

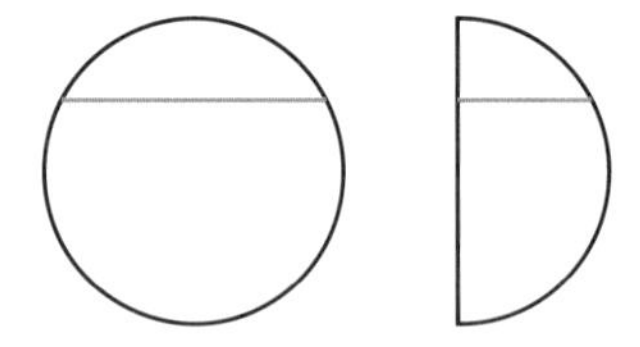

이 현이 완전히 포개어지도록 접어 준다면 어떻게 되겠습니까?

"원이 반으로 접혀요."

그렇습니다. 이 현이 포개어지도록 접어 주면 되지요. 이때, 접힌 선과 현은 어떤 관계가 있을까요?

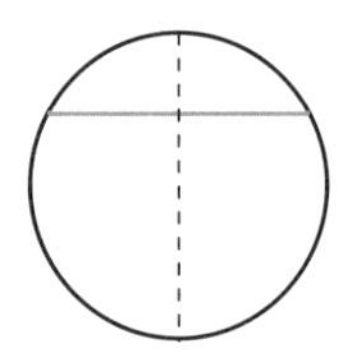

"서로 수직이어야 합니다. 포개어진다면 양쪽의 각이 같을 테니까 180°를 반으로 나눈 90°씩 되어야 합니다."

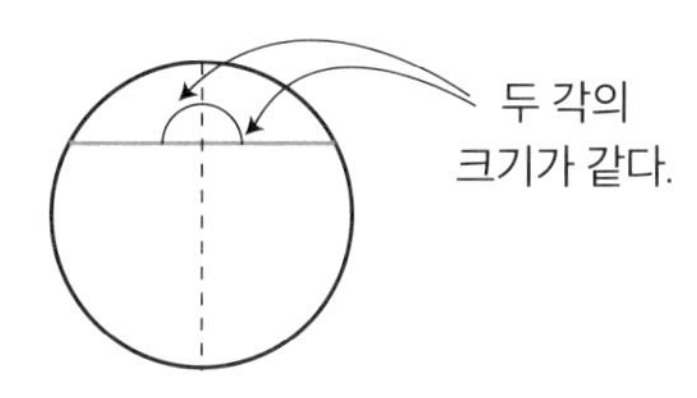

그렇습니다. 이쯤에서 여러분들에게 원의 성질을 하나 소개해 줄게요.

쏙쏙 이해하기

현의 수직이등분선은 지름이다.

현의 수직이등분선은 현의 양 끝점에서 같은 거리에 있는 점들로 이루어지는 직선입니다. 다음 그림에서 원의 중심은 점 A와 B에서 같은 거리에 있기 때문에 당연히 현의 수직이등분선 위에 있어야만 합니다.

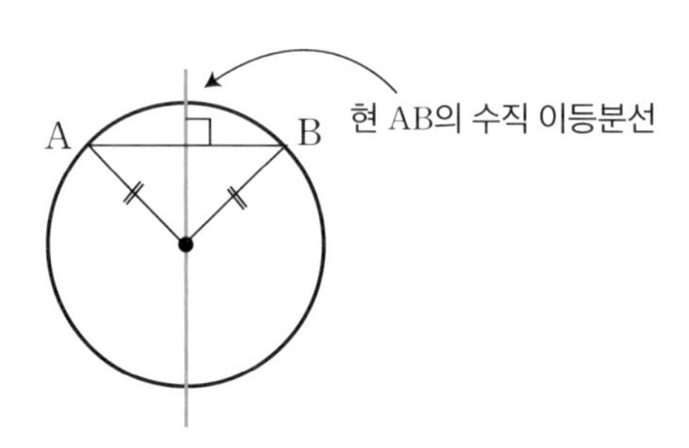

결국 지름을 그려 준다는 것은 현의 수직 이등분선을 그려 준다는 것과 같은 것이 됩니다.

조충지가 거름종이를 다시 들어 보이며 말을 이어 나갔습니다.

거름종이를 반으로 접었다 폈을 때 나오는 접힌 선은 원에 그린 어떤 현의 수직 이등분선과 같게 됩니다.

자, 이제 원에 감추어진 수학 원리를 찾아보았으니 이 방법을 응용하여 조금 전에 해결하지 못했던 문제를 해결해 보겠습니다.
여기에 원이 지워져 반원보다 작은 호가 남아 있습니다. 지워지기 전의 원을 복원하기 위해 원의 중심을 찾으려고 합니다.

① 호에 현을 하나 그립니다.

② 현의 수직 이등분선을 그립니다.

③ 다른 현을 하나 그립니다.

④ 현의 수직 이등분선을 그립니다.

⑤ 두 수직 이등분선의 교점이
원의 중심이 됩니다.

이와 같은 과정으로 거름종이를 두 번 접는 과정을 두 개의 현의 수직이등분선을 그리는 것으로 표현해 주면 원의 중심을 찾을 수 있습니다.

그렇다면 이번에는 반원보다 작은 호의 중심이 어디인지 자의 눈금을 이용하여 구하는 방법을 찾아보겠습니다.

"자의 눈금을 이용하여 수직을 그릴 수 있나요?"

물론 자의 눈금을 이용한다는 것은 거리의 수치를 구하겠다는 의미이지 눈금을 이용하여 수직을 그린다는 의미는 아닙니다.

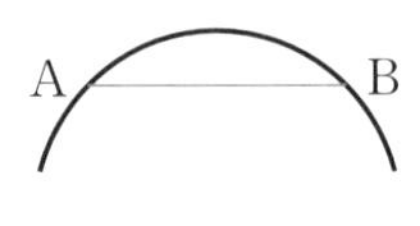

① 주어진 호에 현을 하나 그립니다. 현의 양 끝점을 A, B라 합니다.

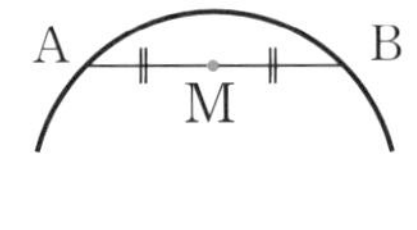

② 자의 눈금을 이용하여 현의 중점 M을 찾습니다.

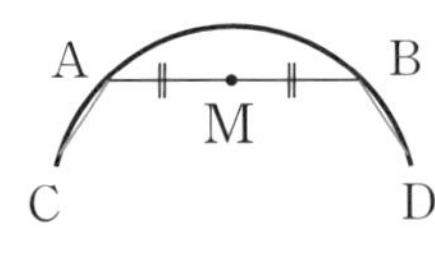

③ 현 AB의 바깥쪽으로 적당히 정한 길이로 $\overline{AC}=\overline{BD}$가 되는 점 C, D를 찾습니다.

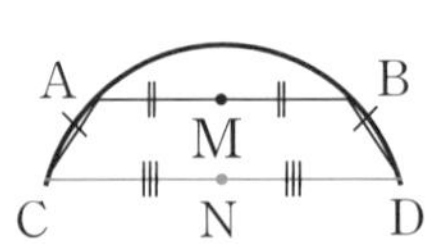

④ 현 CD를 그리고, 중점 N을 찾습니다.

⑤ 직선 MN을 그립니다. 직선 MN은 현 AB의 수직이등분선이 됩니다.

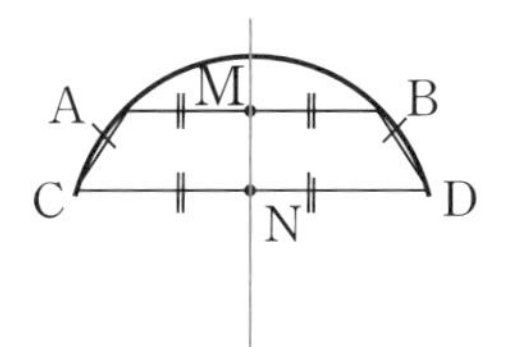

⑥ 다른 현을 하나 그려 주고 ②~⑤의 방법을 적용하여 수직이등분선을 그립니다. 두 개의 수직이등분선이 만나는 점이 원의 중심이 됩니다.

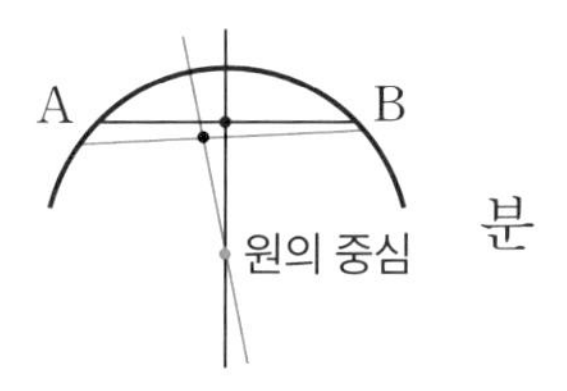

설명을 듣던 정수가 질문을 했습니다.

"선생님 과정 ⑤에서 직선 MN이 지름이 되는 이유는 무엇이죠?"

좋은 질문입니다. 직선 MN은 현 AB의 수직이등분선이 되기 때문이지요.

다음의 그림과 같이 사각형 ACDB는 등변사다리꼴이 됩니다. 등변사다리꼴 두 밑변의 중점을 연결하면 정확히 이등분됩니다. 이때 각도 이등분되지요. 180°를 이등분한 90°가 됩니다.

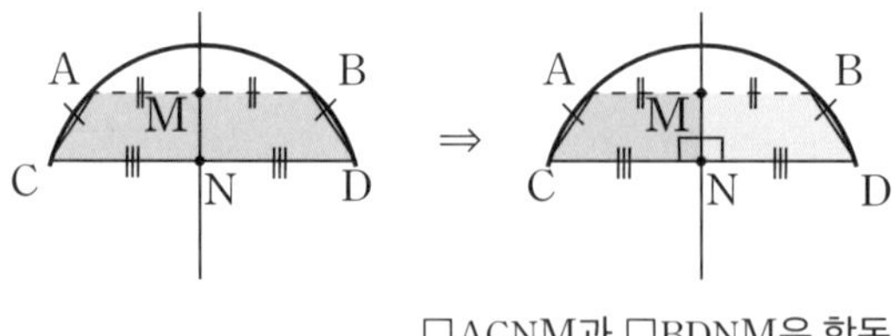

□ACNM과 □BDNM은 합동
∠MNC=∠MND=90°

"아, 그렇군요. 자의 눈금을 이렇게 이용할 수 있다니 정말 놀라워요."

원에는 수학적인 원리가 숨어 있을 뿐만 아니라 인류가 원을 사용해 온 역사가 담겨 있습니다. 원에 대해 공부한다면 그 역사를 따라가며 곳곳에 스며 있는 과학과 지혜를 배울 수 있을 것입니다.

그동안의 수업을 통해 원에 대해 보다 깊고 폭넓은 지식을 쌓을 수 있었으면 좋겠습니다. 그렇지만 수업에서 다룬 내용이 원의 전부는 아닙니다. 더 많은 수학 원리가 있답니다. 앞으로도 원에 대해 많은 관심과 애정을 가지고 공부해 보기 바랍니다.

수업 정리

❶ 원에 그려진 현의 수직이등분선을 그리면 지름이 됩니다. 원에 그린 두 개의 현의 수직이등분선이 만나는 점은 원의 중심이 됩니다.

❷ 원 모양을 한 종이를 반으로 접어 주면 접힌 선은 원의 지름이 됩니다. 원 모양의 종이를 포개어지도록 두 번 접어 주면 종이의 중심을 찾을 수 있습니다. 이때 접힌 선을 통해 원에 그려진 현의 수직이등분선을 그리는 방법을 찾아낼 수 있습니다.

불가능한 파이의 작도

컴퍼스를 이용하면 지름이 1인 원은 쉽게 작도할 수 있습니다. 그런데 눈금 없는 자와 컴퍼스를 이용하여 이 원의 원주와 길이가 같은 선분을 작도할 수 있을까요? 원주의 길이가 파이이니까 '길이가 파이인 선분을 작도할 수 있는가?' 하는 것입니다.

쏙쏙 문제 풀기

다음의 원을 쭉 펴서 만든 선분을 작도할 수 있을까?

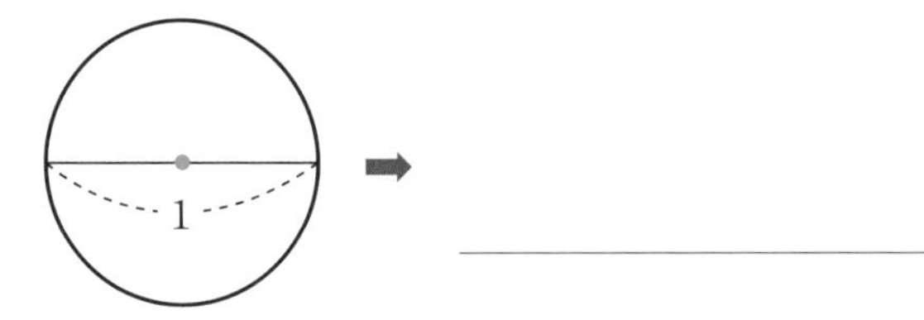

이 문제는 2000년 전 고대 그리스 시대에서 시작하여 많은 사람들을 괴로움에 빠뜨린 문제입니다. 할 수 있을 것 같으면서도 도무지 방법을 찾을 수 없었지요. 그러다가 1882년이 되어서야 독일의 린데만Lindemann, 1852~1939이라는 수학자에 의해 작도가 불가능하다는 것이 증명되었습니다. 파이의 작도 문제는 2000년이 넘도록 풀리지 않은 마魔의 문제였답니다.

NEW 수학자가 들려주는 수학 이야기

조충지가 들려주는 원 1 이야기

ⓒ 권현직, 2008

2판 1쇄 인쇄일 | 2024년 10월 25일
2판 1쇄 발행일 | 2024년 11월 8일

지은이 | 권현직
펴낸이 | 정은영
펴낸곳 | (주)자음과모음

출판등록 | 2001년 11월 28일 제2001-000259호
주소 | 10881 경기도 파주시 회동길 325-20
전화 | 편집부 (02)324-2347, 경영지원부 (02)325-6047
팩스 | 편집부 (02)324-2348, 경영지원부 (02)2648-1311
e-mail | jamoteen@jamobook.com

ISBN 978-89-544-5168-0 (43410)

• 잘못된 책은 교환해드립니다.